KB172644

칸토어가 들려주는 집합 이야기

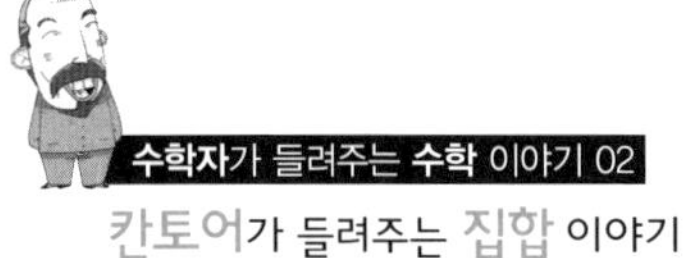

칸토어가 들려주는 집합 이야기

초판 1쇄 발행일 | 2007년 11월 30일
초판 26쇄 발행일 | 2024년 10월 18일

지은이 | 나숙자
펴낸이 | 정은영

펴낸곳 | (주)자음과모음
출판등록 | 2001년 11월 28일 제2001-000259호
주소 | 10881 경기도 파주시 회동길 325-20
전화 | 편집부 (02)324-2347, 경영지원부 (02)325-6047
팩스 | 편집부 (02)324-2348, 경영지원부 (02)2648-1311
e-mail | jamoteen@jamobook.com

ISBN 978-89-544-1543-9 (04410)

02 수학자가 들려주는 수학 이야기

칸토어가 들려주는

집합 이야기

| 나숙자 지음 |

자음과모음

추천사

수학자라는 거인의 어깨 위에서

보다 멀리, 보다 넓게 바라보는 수학의 세계!

수학 교과서는 대개 '결과'로서의 수학을 연역적으로 제시하는 경향이 강하기 때문에 학생들은 수학이 끊임없이 진화해 왔다는 생각을 하기 어렵습니다. 그렇지만 수학의 역사는 하나의 문제가 등장하고 그에 대해 많은 수학자들이 고심하고 이를 해결하는 가운데 새로운 아이디어가 출현해 온 역동적인 과정입니다.

〈수학자가 들려주는 수학 이야기〉는 수학 주제들의 발생 과정을 수학자들의 목소리를 통해 친근하게 이야기 형식으로 들려주기 때문에 학생들이 수학을 '과거 완료형'이 아닌 '현재 진행형'으로 인식하는 데 도움이 될 것입니다.

학생들이 수학을 어려워하는 요인 중 하나는 '추상성'이 강한 수학적 사고의 특성과 '구체성'을 선호하는 학생의 사고의 특성 사이의 괴리입니다. 이런 괴리를 줄이기 위해 수학의 추상성을 희석시키고 수학 개념과 원리의 설명에 구체성을 부여하는 것이 필요한데, 〈수학자가 들려주는 수학 이야기〉는 수학 교과서의 내용을 생동감 있게 재구성함으로써 추상적인 수학을 구체성을 갖는 수학으로 변모시키고 있습니다. 또한 중간중간에 곁들여진 수학자들의 에피소드는 자칫 무료해지기 쉬운 수학 공부에 있어 윤활유 역할을 할 수 있을 것입니다.

〈수학자가 들려주는 수학 이야기〉의 구성을 보면 우선 수학자의 업적을 개략적으로 소개하고, 6~9개의 수업을 통해 수학 내적 세계와 외적 세계, 교실 안과 밖을 넘나들며 수학 개념과 원리들을 소개한 뒤 마지막으로 수업에서 다룬 내용들을 정리합니다. 따라서 책의 흐름을 따라 읽다 보면 각 시리즈가 다루고 있는 주제에 대한 전체적이고 통합적인 이해가 가능하도록 구성되어 있습니다.

〈수학자가 들려주는 수학 이야기〉는 학교 수학 교과 과정과 긴밀하게 맞물려 있으며, 전체 시리즈를 통해 학교 수학의 많은 내용들을 다룹니다. 예를 들어 《라이프니츠가 들려주는 기수법 이야기》는 수가 만들어진 배경, 원시적 기수법에서 위치적 기수법으로의 발전 과정, 0의 출현, 라이프니츠의 이진법에 이르기까지를 다루고 있는데, 이는 중학교 1학년의 기수법 내용을 충실히 반영합니다. 따라서 〈수학자가 들려주는 수학 이야기〉를 학교 수학 공부와 병행하면서 읽는다면 교과서 내용의 소화 흡수를 도울 수 있는 효소 역할을 할 것입니다.

뉴턴이 'On the shoulders of giants' 라는 표현을 썼던 것처럼, 수학자라는 거인의 어깨 위에서는 보다 멀리, 보다 넓게 바라볼 수 있습니다. 학생들이 〈수학자가 들려주는 수학 이야기〉를 읽으면서 각 수학자들의 어깨 위에서 보다 수월하게 수학의 세계를 내다보는 기회를 갖기 바랍니다.

홍익대학교 수학교육과 교수 | 《수학 콘서트》 저자 박 경 미

책머리에

세상 진리를 수학으로 꿰뚫어 보는 맛,
그 맛을 경험시켜 주는 '집합' 이야기

수학을 사랑합니다!

말을 배우면서부터 하나, 둘, … 손가락을 접으며 수학을 만났지만
그때는 맛을 몰랐습니다.
초등학교 때는 수학 때문에 나머지 학습도 했습니다.
구구단을 외우고 나니 이번에는 분수 계산이 힘들게 했습니다.
그러나 모든 것은 다 시간이 해결해 주나 봅니다.
중학생이 되고 보니 통분 정도는 아무것도 아니었으니까요.

미지수 x가 나타나더니 언어가 달라졌습니다.
처음엔 실생활 언어가 아닌 수학 언어를 받아들이기가 많이 힘들었지만
익숙해지니 별거 아니었습니다.
오히려 암기를 강요하는 다른 과목보다는 접근하기가 쉽다는 생각에
많이 좋아했습니다.

그러나 수학의 참맛을 느끼지는 못했습니다.
다만 많은 문제를 반복해서 풀고 계산해서 얻어 낸 자신감일 뿐,
창의적이고 합리적인 사고가 들어설 자리는 없었던 것 같습니다.

결국 아름다운 수학 세상을 만나지 못한 채 그냥 그대로 시간이 흘러가고 있었습니다.

그러던 어느 날!

생활 속에서 아름다운 수학 세상을 만나는 황홀한 순간이 찾아왔습니다.
수많은 책들을 조목조목 분류하여 깔끔하게 정리해 놓은 대형 서점에서
수학 시간에 생각 없이 받아들였던 '집합set'을 만나고, 또 그 안의 '원소element'까지 찾아내면서 다소 흥분이 되었습니다.

이것이 다는 아닙니다.

내가 늘 사용하는 컴퓨터에도 집합은 꿈틀대고 있었으니까요.
폴더를 만들어 뒤죽박죽이던 수많은 자료를 깔끔하게 저장하고 나니
여지없는 '집합'이 숨죽이며 나를 깨우고 있었습니다.

그리고 집합에 이어
밤하늘에 떠 있는 별의 아름다움이 무리수를 동행한 황금비로 이해되고
풀꽃들의 조화가 피보나치 수 1, 1, 2, 3, 5, 8, 13, …로 해석되며
로또 복권에 당첨될 확률 $\frac{1}{8145060}$을 계산하여
쓸데없는 기대와 허영심의 유혹을 뿌리치고

또 인간의 행과 불행을 점치는 점괘 속에서
0과 1만을 사용하여 만든 2진법의 논리를 찾아내는 순간
이미 수학의 아름다움에 흠뻑 빠져 버렸습니다.

이렇게 시간이 흘러

수학과의 만남이 어느새 40년을 넘어서고 있습니다.

그런 나의 딱 하나의 바람은 많은 사람들이

아름다운 수학 세상을 만나 참맛을 느낄 수 있었으면 하는 것입니다.

2007년 11월 **나 숙 자**

차례

1 이 책은 달라요

《칸토어가 들려주는 집합 이야기》는 집합에 관심 있는 몇몇의 아이들이 역사 속에 잠들어 있는 칸토어를 깨우면서 시작됩니다.

19세기에 수학의 역사를 뒤흔들었던 '집합론'에 대한 이야기를 꼼꼼하게 캐묻는 아이들, '집합론'을 발표할 당시 비난과 충격으로 크게 상처받은 칸토어. 이들의 만남은 서로의 갈증을 채워 주면서 점점 가까워지는데, 무엇보다 아이들은 집합에 대한 개념과 원리가 확실하게 들어서고 칸토어는 아이들의 순수한 마음에 감동받아 점점 열정적인 강의를 펼쳐 나가게 됩니다. 칸토어의 열강이 생활 속 이야기와 버무려지면서 자연스럽게 전개되는가 하면 '칸토어와 아이들의 신나는 수학 체험'은 학습 효과를 절정에 이르게 한답니다.

현대의 모든 수학은 '집합에서 시작해 집합으로 흘러 들어간다'고 해도 과언이 아닙니다. 이렇게 주인공이 되어 버린 집합 이야기에 여러분을 기쁜 마음으로 초대합니다.

2 이런 점이 좋아요

1 각 수업에 앞서 수학 만화와 시詩로 구성된 '수업 엿보기'를 통해 그 단원에 대한 정보를 미리 알아봄으로써 강의의 흐름을 쉽게 읽어 낼 수 있습니다.

2 각 수업에서는 원리와 개념 위주의 친절한 설명으로 누구나 쉽게 이해할 수 있습니다.

3 생활과 수학을 함께 생각하게 하는 '칸토어와 아이들의 신나는 수학 체험' 코너와 '수업 정리' 코너는 수학 용어에 대한 개념을 확실하게 이해시켜 줍니다. 또한 우리 주변 이야기로 이루어져 있어 누구나 흥미롭게 수학을 접할 수 있습니다.

4 각 수업마다 중요한 수학 용어를 따로 정리해 두어 학생들 스스로 개념 정리를 할 수 있습니다.

5 현대 수학에서 차지하는 집합의 오지랖을 낱낱이 소개하여 나무뿐만 아니라 숲 전체를 보는 눈을 기를 수 있습니다.

3 교과 과정과의 연계

구분	단계	단원	연계되는 수학적 개념과 내용
초등학교	1-가	분류하여 세어보기	한 가지 기준으로 세어보기
중학교	7-가	집합	집합의 뜻과 표현 집합 사이의 포함 관계 집합의 연산 원소 나열법과 조건 제시법
고등학교	10-가	집합과 명제	진부분집합 교집합과 합집합 차집합과 여집합 드모르간의 법칙분배 · 교환 · 결합법칙

4 수업 소개

첫 번째 수업 _ 집합set의 탄생

생활 주변에서 흔히 만날 수 있는 집합에 대한 개념을 수학적으로 확실하게 심어 주기 위한 공부입니다.

• 관련 교과 단원 및 내용

– '1-가 분류하여 세어보기' 단원에서 한 가지 기준으로 세어보기 개념을 확인합니다.

– '7-가 집합' 단원에서 집합의 정의와 원소의 뜻에 관해 학습합니다.

– '7-가 집합' 단원에서 공집합의 정의와 개념을 익힙니다.

두 번째 수업 _ 집합을 다양하게 표현해 봐요

똑같은 집합을 필요에 따라 원소 나열법과 조건 제시법으로 다르게 표현하는 방법을 공부합니다.

• 관련 교과 단원 및 내용

– '7-가 집합' 단원의 원소 나열법과 조건 제시법을 익힙니다.

– '10-가 집합과 명제' 단원에서 명제와 명제가 아닌 문장을 구분할 수 있습니다.

세 번째 수업 _ 벤 다이어그램

집합과 집합 사이의 포함 관계를 알기 쉽게 그림벤 다이어그램을 그려서 알아봅니다.

• 관련 교과 단원 및 내용

– '7-가 집합' 단원에서 벤 다이어그램의 뜻을 공부합니다.

– 수학 교과 과정 전반에 걸쳐 나오는 벤 다이어그램을 이해합니다.

– '7-가 집합' 단원의 수행 평가 자료로 활용합니다.

네 번째 수업 _ 부분집합

집합과 집합 사이의 포함 관계를 꼼꼼하게 알아보고, 원소의 개수에 따라 달라지는 부분집합을 공부합니다.

• 관련 교과 단원 및 내용

– '10–가 집합과 명제' 단원의 부분집합과 진부분집합에 관해 공부합니다.
– '10–가 집합과 명제' 단원의 집합과 집합 사이의 관계를 이해합니다.

다섯 번째 수업 _ 집합의 연산 ① 교집합과 합집합

어떤 대상 두 개에서 같은 종류의 새로운 대상 한 개를 만드는 과정인 집합의 연산 교집합과 합집합을 공부합니다.

• 관련 교과 단원 및 내용
– '10–가 집합과 명제' 단원에서 집합의 교집합 · 합집합의 개념을 공부합니다.
– 집합의 연산과 사칙연산의 차이점에 대해 이해합니다.

여섯 번째 수업 _ 집합의 연산 ② 차집합과 여집합

어떤 대상 두 개에서 같은 종류의 새로운 대상 한 개를 만드는 과정인 집합의 연산 차집합과 여집합을 공부합니다.

• 관련 교과 단원 및 내용
– '10–가 집합과 명제' 단원에서 집합의 차집합 · 여집합의 개념을 공부합니다.
– '10–가 집합과 명제' 단원에서 집합의 교환 · 분배 · 결합법칙을 익힙니다.

일곱 번째 수업 _ 집합의 신출귀몰

집합에서 시작해 집합으로 흘러 들어가는 현대 수학을 꼼꼼하게 공부합니다.

- 선수 학습

– 함수 : 정의역 · 치역 · 최댓값 · 최솟값의 개념을 알고 있어야 합니다.

- 관련 교과 단원 및 내용

– '7-가 집합' 단원의 수행 평가 자료로 활용합니다.

– '10-가 집합과 명제' 단원의 수행 평가 자료로 활용합니다.

칸토어를 소개합니다

Georg Cantor (1845~1918)

머리로 하는 수학이

어떤 틀에 묶여서 구속당하고

억압당해서는 절대 안 된다고 생각합니다.

수학은 누구나 참이라고 받아들일 수 있는

기본 약속을 바탕으로 무한히 발전할 수 있는

학문인 까닭이지요.

여러분, 나는 칸토어입니다!

"칸토어 선생님~! 칸토어 선생님~!"

어, 누구지?

"여기예요! 칸토어 선생님."

아니, 어린 친구들은 누구죠?

"저희는 학교에서 집합을 배우고 있는 학생이에요. 집합을 탄생시킨 수학자 칸토어 선생님을 만나고 싶어서 타임머신을 타고 왔답니다."

나를 미치광이로 만들었던 집합! 그런데 여러분 입에서 자연스럽게 집합이란 말이 흘러나오다니! 이게 도대체 어떻게 된 일이죠? 지금 내가 꿈을 꾸고 있는 건 아니겠죠?

"선생님이 '집합론'을 발표한 뒤 수학계의 거센 비난과 반론을 이기지 못해 정신병 증세를 보이면서 발작을 일으키곤 했다는 말이 사실인가요?"

지금이 몇 년이지요?

"2007년이요."

내가 29세 되던 해, 그러니까 1874년에 '집합론'을 발표했으니 그 뒤로 참 많은 세월이 흘렀군요.

"그럼요, 100년 하고도 더 긴 세월이 흐른걸요. 그나저나 '집합론'을 처음 발표할 당시 사람들의 비난이 이만저만 아니었다면서요?"

그랬지요. 그래서 내 성격이 이렇게 뾰족하고 좀 까칠하답니다.

"네에~."

지금까지도 잊지 못하는 건, 내 이론을 가장 맹렬히 공격하고 비난한 사람이 다름 아닌 내 지도 교수였던 크로네커Leopold Kronecker, 1823~1891였다는 사실입니다. 그분은 내가 이렇게 정신 질환까지 앓게 될 만큼 철저하게 나의 이론을 배척하고, 심지어 나의 앞길까지 막았으니까요.

"그랬군요. 하지만 이제는 아무 걱정 마세요. 현대 수학은 '집합에서 시작해 집합으로 흘러 들어간다'고 해도 과언이 아닐 정도니까요. 선생님의 명성은 이미 하늘 높은 줄 모르고 올라가 있답니다."

죽은 뒤의 명성이 뭐 그리 중요하겠어요. 당시의 비난 때문에 상처를 입고 정신병원을 내 집 드나들듯 했는걸요. 결국 죽음까지 갔으니 내게는 엄청난 시련이었지요.

"참으로 안타까운 일이군요."

하지만 지금 생각해 보면 이해가 되긴 해요. 내가 무한의 수학인 '집합론'을 발표하면서 당시의 수학자들이 금기시했던 무한집합을 문제 삼아 무한의 개념을 밝히고, 나아가 무한에도 여러 단계가 있다는 것을 발표하면서 수학적으로 설명했잖아요. 그러니 당시의 수학자들은 얼마나 충격이 컸겠어요?

신만이 '무한하다'고 생각하던 사람들에게는 무한에 대한 연구가 당연히 신을 모독하는 행위로 여겨졌을 거예요. 사실 나 스스로도 10년 동안이나 내 이론에 대해 확신과 회의를 거듭했거든요. 그러다 29세가 되어서야 비로소 과감하게 '집합론'을 발표한 거예요. 그러니 놀라움을 넘어 충격 그 자체일 수밖에 없었겠지요 .

"저……, 그런데 선생님~, 기쁜 소식이 하나 있어요."

무슨 소식……?

"솔직히 기쁜 소식인지 웃지 못할 해프닝인지 잘 모르겠지만요."

글쎄 무슨 얘기인지 들어 봅시다. 뜸 들이지 말고 어서 말해 봐요.

"'집합론'이 유명해지자 러시아, 덴마크, 독일에서 서로 칸토어 선생님이 자기네 나라 사람이라고 주장하고 있다네요."

아~, 그랬군요. 왜 그런 일이 벌어지고 있는지 짐작은 가요. 나 칸토어는 분명히 러시아의 페테르부르크에서 태어났습니다. 하지만 아버지는 덴마크 출생이고, 덴마크에서 러시아로 옮겨 와 살았어요. 그러다가 날 낳으셨는데, 내가 11세가 되었을 때쯤 독일로 이사를 했거든요. 그 뒤부터 쭉 독일에서 살았답니다. 그러니 러시아, 덴마크, 독일 모두 나와 인연이 있는 나라인 셈이지요. 하지만 확실한 국적은 독일입니다. 베를린 대학교에서 오랫동안 교수 생활을 한 독일 수학자라고 알아 두세요.

"암튼 온갖 어려움을 딛고 수학적인 진리를 태어나게 한 선생님은 정말 대단한 분이세요."

여러분에게 인정을 받게 되다니 꿈만 같습니다. 더불어 20세기에 모든 수학의 기초를 '집합론' 위에서 새롭게 다지게끔 만드는 데 영향을 끼친 나 자신이 대견하고, 당시 유럽 사상계를 지배하던 권위적인 견해와 새로운 것을 거부하는 세계에 맞서 싸운 나 자신의 용기에도 박수를 보내고 싶군요.

"그렇네요. 선생님의 '집합론'이 수학의 역사를 뒤흔드는 일대 사건이었다는 사실이 거듭 놀라울 따름이에요. 그토록 위대한 수학자를 이렇게 뵙게 되다니 저희에겐 큰 행운이 아닐 수 없습니다. 아, 그리고 저희를 매료시킨 것이 또 있어요. '수학의 본질은 자유에 있다'라는 명언을 남기셨잖아요."

그렇습니다. 머리로 하는 수학이 어떤 틀에 묶여서 구속당하고 억압당해서는 절대 안 된다고 생각합니다. 수학은 누구나 참이라고 받아들일 수 있는 기본 약속을 바탕으로 무한히 발전할 수 있는 학문인 까닭이지요.

"그렇다면 저희도 또 다른 해석으로 선생님의 '집합론'에 새로운 날개를 달 수 있겠네요?"

물론이지요. 언제든지, 얼마든지 가능한 일입니다. 그것이 바로 관찰이나 실험에 좌우되는 과학과 다른, 수학만의 맛이기도 하지요.

"수학만의 맛이라, 지금 당장 느껴 보고 싶어요. 그러니까 더 이상 까칠하게 굴지 마시고 칸토어 선생님의 멋진 집합 세상을 친절하면서도 재미있게 소개해 주세요."

그래요, 여러분처럼 예의 바르고 귀여운 학생들과 함께 집합 세상을 여행할 수 있다니 크나큰 행운입니다. 자, 그럼 출발할까요?

"여러분, 우리 모두 신나는 집합 세상으로 떠나요~!"

칸토어 선생님~!
칸토어 선생님~!
...
...
부시럭
아악~! 누구야?
치익
저희는 집합을 만드신 칸토어 선생님을 만나러 미래에서 온 학생들이에요.
뭐…, 뭐라고요?
타임머신
치이
날 미치광이 취급 받게 만들었던 집합이란 말이 이렇게 자연스럽게 나오다니…! 이건 분명 꿈일 거야.
타임머신
저희가 사는 2007년에는 이미 칸토어 선생님이 수학의 영웅이 되셨다고요~!
그래요??
타임머신

집합 이론을 처음 발표했을 때
나는 미치광이 취급을 받았습니
다. 이제라도 인정을 받고 있다니
굉장히 기쁘네요. 그럼 나와 함
께 환상적인 집합 세계로
여행을 떠나 볼까요?

첫 번째 수업 엿보기

검지, 엄지야~!
길 잃지 않게
너무 멀리 가지 마!
와~! 신난다.
걱정은 꽉 붙들어
매세요, 엄마.
와~!
엄마, 엄마!
우리도 저기서
김밥 먹어요.
...
천천히 먹어.
그러다 배탈 날라.
이쯤은
까딱없다고요.
냠냠
식구끼리, 친구끼리,
연인끼리 집합을 이루고
있으니 보기가 좋네.

끼리끼리 모여서
집합을 이루니
참 보기가 좋죠?

집합set의 탄생

공책은 공책끼리, 연필은 연필끼리
구분해서 책상을 정리해 보세요.
책상이 깔끔하게 정리되면서 그곳에서
집합을 만날 수 있을 것입니다.

첫 번째 학습 목표

1. 집합과 원소의 뜻을 이해합니다.
2. 집합과 원소에 쓰이는 기호를 익힙니다.

칸토어의 주문

집합의 정의약속에 대해 정확히 알아야 집합과 관련된 다른 여러 가지를 이해하는 데 어려움이 없겠지요? 그러니 긴장의 끈을 놓지 말고 집합에 올인해서 아래와 같은 수학을 만나세요.

수학은…

수학은 생각을 낳고, 논리를 낳고, 창의성을 낳습니다.
수학의 비밀을 아는 아이들에게
수학은 기쁨이고 환상이며
생각을 눈뜨게 하는 햇살이어서
햇살 담은 보자기입니다.

그러나
기본 개념을 놓친 아이들에게
수학은 짐이고 스트레스이며
풀리지 않는 실타래이기도 합니다.

집합의 개념을 꼼꼼하게 챙겨서
교과서와 실생활에서
집합을 기쁨으로 대하면
어느새 생각을 낳고, 논리를 낳고, 창의성을 낳는 수학을 만나게 됩니다.

집합[1]은 우리 주변에서도 흔히 만날 수 있습니다.

어디서 만날 수 있을까요?

바로 여러분이 앉아 있는 이 교실에도 집합이 꼼지락대고 있답니다.

예를 들어 볼까요? 우리 학급에서 키가 150cm 이상인 학생들의 모임이라든가, 수학 성적이 70점 이상인 학생들의 모임, 또는 안경을 낀 학생들의 모임 등과 같은 것들이지요.

1 집합set 어떤 주어진 조건에 따라 그 대상을 분명히 알 수 있는 것원소들의 모임

자~, 키가 150cm 이상인 학생은 손을 들어 보세요. 정확히 5명이군요.

이렇게 키가 150cm 이상이라는 조건에 대해 대상이 망설임 없이 분명한 모임을 '집합' 이라고 합니다.

그런데 '집합' 이라는 단어보다 익숙한 단어가 있습니다. 바로 '세트set' 입니다.

문구점에서 공책을 살 때 보면 몇 권씩 묶어서 파는 경우가 있습니다. 이때의 단위가 바로 세트입니다.

'공책 10권 한 세트에 8000원' 하는 식으로 말이지요.

이런 의미에서 보자면 집합은 묶음이나 모임의 개념이지요. 다른 것과 확실하게 구분되는 느낌이 들 것입니다.

공책은 공책끼리, 연필은 연필끼리 구분해서 책상을 정리해 보세요.

책상이 깔끔하게 정리되면서 그곳에서 집합을 만날 수 있을 것입니다.

자~, 이제 깔끔함과 질서정연함의 상징인 집합에 대해 좀 더 꼼꼼히 살펴보겠습니다.

동물 이름을 생각나는 대로 적어 보았습니다.

고양이, 강아지, 쥐, 토끼, 병아리, 고슴도치, 기린이 가운데 이름이 세 글자인 동물을 모두 골라 보세요.

"고양이, 강아지, 병아리입니다."

위의 세 동물 가운데 다리가 두 개인 동물은 무엇일까요?

"병아리입니다."

자~, 그럼 이번에는 물속에서 사는 동물을 찾아보세요.

"그런 동물은 없는데요."

그렇습니다. 이와 같이 주어진 조건에 대해 대상이 분명한 모임을 집합이라고 합니다.

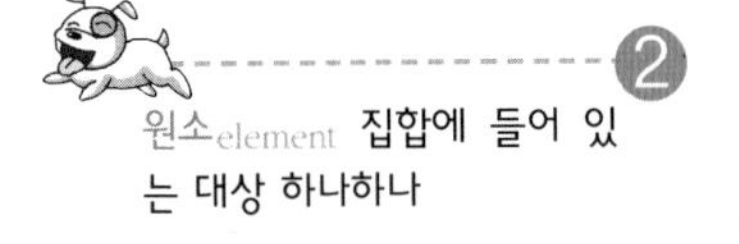
원소element 집합에 들어 있는 대상 하나하나

그리고 집합을 이루고 있는 대상 하나하나를 그 집합의 원소[2]라고 하지요.

그렇다면 '이름이 세 글자인 동물들의 모임'은 집합이 되고, '고양이, 강아지, 병아리'는 이 집합의 원소가 되겠지요?

그런데 이렇게 말을 길게 늘어놓으니까 왠지 어수선하게 느껴지지 않나요?

이럴 때는 수학 기호가 최고입니다.

주어진 집합 '이름이 세 글자인 동물들의 모임'에 속하는 모든 원소를 집합 기호 { } 안에 넣어 보세요.

{고양이, 강아지, 병아리}

어때요? 뭔가 깔끔하게 정리된 느낌이 들지요?

이제 '이름이 세 글자인 동물들의 집합'을 A라고 해 봅시다. 그러면 훨씬 더 세련된 모습이 된답니다.

A={고양이, 강아지, 병아리}처럼 말이에요.

어때요? 점점 수학적인 모양새를 갖추어 가지요?

그렇다고 겁낼 것은 없답니다. 좀 더 익숙해지면 수학 언어의 매력에 푹 빠지게 될 테니까요.

▨자, 이제 슬슬 집합과 친해져 볼까요?

'3보다 작은 자연수의 모임' 은 어떤 원소들로 이루어질까요?

"1과 2입니다."

그렇습니다.

이번에는 '3보다 작은 자연수의 집합' 을 B라고 해 볼까요?

"그러면 집합 B={1, 2}입니다."

이렇게 간단하게 기호로 표현된 집합을 보고 우리는 집합 B가 품고 있는 원소는 오로지 1과 2뿐임을 알 수 있습니다.

이 집합을 가지고 좀 더 폭넓게 생각하는 사람은 아마도 1과 2가 아닌 자연수, 그러니까 3, 4, …는 집합 B의 원소가 아니라는 것을 알 수 있을 것입니다.

이때 '1은 집합 B의 원소이다' 라고 말하고, '3은 집합 B의 원소가 아니다' 라고 말합니다.

이것을 수학 기호를 사용해서 나타내 볼까요? 얼마나 세련된 수학 언어가 태어나는지 보세요.

$1 \in B$ 그리고 $3 \notin B$

다시 정리해 봅시다.

'1은 집합 B의 원소다' 를 수학 기호를 사용해 나타내면

"$1 \in B$입니다."

어때요, 굉장히 간결하고 완벽하지요? 이런 걸 'perfect' 라고 해야겠지요.

이것이 바로 수학 기호의 매력이랍니다.

'3은 집합 B의 원소가 아니다' 또는 '3은 집합 B에 속하지 않는다' 는 $3 \notin B$라고 나타냅니다.

이것은 마치 쪽지 시험을 채점할 때 작대기를 쫙 그어서 답이 틀렸음을 표시하는 것과 비슷한 느낌이지요. 사선으로 긋는 작대기는 집합에서도 '부정아니다' 의 의미를 지닌답니다.

어때요? 원소 기호 $\in$나 $\notin$를 사용하는 순간 마법 같은 변신이 일어나면서 긴 문장이 간결해지니 보기에도 좋지요?

이러한 수학 기호는 어느 날 갑자기 하늘에서 뚝 떨어져 생겨난 것이 아닙니다. 셀 수 없이 많은 수학자가 나름대로 의미를 부여하면서 가장 경쟁력 있는 모양으로 변화시켜 마침내 오늘날 여러분이 보는 교과서에도 쓰이게 된 것이지요.

그럼 원소 기호 $\in$는 어떻게 태어났는지 알아볼까요?

'원소' 는 영어로 Element랍니다. Element의 첫 글자 E를 이용해 원소 기호 ∈를 만들었는데, E가 원소 기호 ∈로 변화되어 정착되기까지는 앞서 설명했듯이 엄청난 시간이 걸렸답니다. 그러니 수학 기호를 많이 아끼고 사랑해 주세요.

다시 동물 이름을 이용해 집합에 대한 이야기를 계속해 볼까요.

고양이, 강아지, 말, 토끼, 병아리, 고슴도치, 기린, 꿩

자~, 위 동물 가운데 각자 귀엽다고 생각하는 동물을 찾아보세요. 그런 다음 자기가 선택한 동물과 짝꿍이 선택한 동물이 일치하는지 비교해 보세요.

"칸토어 선생님~, 저희 둘의 선택은 서로 다르네요. 저는 강아지가 귀여운데 제 짝꿍은 강아지보다는 병아리가 귀엽대요."

네~, 충분히 그럴 수 있습니다. 왜냐하면 사람마다 귀여움에 대한 기준이 서로 달라서 그래요.

이처럼 사람에 따라 저마다 기준이 달라서 대상이 분명하지 않은 모임은 집합이 될 수 없습니다. 따라서 '귀여운 동물들의 모임'은 집합이 될 수 없습니다.

이를테면 귀엽다, 좋다, 작다, 예쁘다, 뚱뚱하다, 공부를 잘한다와 같은 것들은 사람마다 제각각 그 기준이 다르기 때문에 태클의 소지가 있어 집합이 될 수 없답니다.

그러니 어떤 조건에 대해 대상이 애매모호하면 집합이 될 수 없음을 기억해 두세요.

"칸토어 선생님~, 질문이요, 질문!"

네, 질문하세요. 뭔가 궁금증을 갖는다는 것은 생각의 나무를 키워 나간다는 증거입니다. 그러니 늘 따져 보고 질문하는 습관이 몸에 배도록 하세요.

“아까 선생님이 제시한 동물 중에는 물속에서 사는 동물이 하나도 없었잖아요. 그것도 집합이 될 수 있나요?”

아주 좋은 질문입니다. 조건에 대한 대상이 없다는 것은 원소가 하나도 없다는 뜻이지요? 집합이라고 하면 무엇인가 모여 있어야 할 것만 같아서 그렇지 않은 것은 집합이 아니라고 생각할 수 있지만 이런 것도 역시 집합이라고 합니다. 다만 이런 집합에는 대상, 즉 원소가 하나도 없기 때문에 공집합이라는 특별한 이름으로 부른답니다.

공집합은 원소가 하나도 없으므로 비어 있는 집합 기호 { }로 나타냅니다. 왠지 썰렁하지요? 그래서 기호 ϕ를 주로 사용하고 ‘공집합’이라고 부르기도 합니다.

여기서 잠깐! 집합 세계에서의 약속을 하나 곁들여 설명하겠습니다. 집합 {1, 2, 2, 3}처럼 원소가 중복될 때 말인데요, 이럴 때 중복되는 원소는 한 번만 써 주기로 약속했습니다. 그래서 집합 {1, 2, 2, 3}은 반드시 {1, 2, 3}으로 써야 바른 표현이 된답니다.

칸토어와 아이들의 신나는 수학 체험 1

어느 중학교에서 아이들이 특별 활동으로 무얼 할지 정하고 있습니다.

"수학 신문반, 영어 이야기반, 요리반…… 활동하고 싶은 반이 있으면 손을 들어 보렴."

선생님이 특별 활동 반을 주욱 불러 준 후 묻습니다.

"어디 보자, 수학 신문반 희망자 2명, 요리반 희망자는 4명, 영어 이야기반 희망자…… 한 사람도 없네?"

그래서 영어 이야기반은 공집합ϕ이 되었습니다.

생활이 수학임을 아는 사람은 수학을 사랑하는 사람입니다.

칸토어와 아이들의 신나는 수학 체험 2

오늘은 중학교 입학식이 있는 날입니다.

아이들이 삼삼오오 짝을 지어 강당으로 모여들었습니다. 강당 안에서는 좀 크다 싶은 교복을 입은 많은 아이들이 자신의 자리를 찾지 못해 우왕좌왕하고 있었습니다.

"자~ 여기를 보세요. 이 표지판에 적혀 있는 대로 자신의 반을 찾아 줄을 서 주세요"

선생님이 표지판을 맨 앞에 세워 두며 말했습니다.

그러자 많은 아이들이 자신의 반을 찾아 질서정연하게 줄을 서더니 10개 반의 집합이 만들어졌습니다.

"자, 보세요. 제자리를 찾아가서 줄을 서는 아이들을 보니 집합이 떠오르지 않나요? 이것이 바로 집합이 품고 있는 매력입니다."

생활 속에 숨어 있는 수학을 체험해 보세요.

생활이 수학임을 아는 사람은 수학을 사랑하는 사람입니다.

첫번째 수업 정리

1 집합set

조건에 따라 그 대상을 분명하게 알 수 있는 모임

2 원소element

집합에 속한 대상 하나하나

3 원소 기호

∈원소이다, 속한다와 ∉원소가 아니다, 속하지 않는다

4 집합이 될 수 있는 예

① 우리 학급에서 E-mail 주소가 있는 친구들의 모임

② 게임을 해 본 적이 없는 친구들의 모임

③ EBS 강의를 이용해 공부하는 친구들의 모임

④ 물속에서 사는 동물들의 모임

5 집합이 될 수 없는 예

① 날씬한 학생들의 모임

② 게임을 좋아하는 학생들의 모임

③ 예쁜 꽃들의 모임

④ 귀여운 동물들의 모임

6 공집합의 예

① 1보다 작은 자연수의 모임

② 우리나라 사람 중에서 나이가 150세 이상인 사람들의 모임

7 $A=\{1, 2, 3\}$일 때

$1 \in A$ 1은 집합 A의 원소이다, $4 \notin A$ 4는 집합 A의 원소가 아니다

여러분 주변에서 집합이 될 수 있는 예와 집합이 될 수 없는 예를 찾아보세요. 그러다 보면 집합에 대한 개념을 확실하게 기억할 수 있을 거예요.

두 번째 수업 엿보기

내가 좋아하는 집합은?

{사파이어, 루비, 다이아몬드, …}

{x|x는 보석 이름}

{스타크래프트, 서든어택, 피파온라인, 메이플스토리, …}

{x|x는 게임 이름}

내가 부러워하는 집합은?

{마이크로소프트사 빌 게이츠, 월마트 사장 리 스콧}

{x|x는 재산이 100조 이상인 사람}

내가 싫어하는 집합은?

{1학기 중간고사, 1학기 기말고사, 2학기 중간고사, 2학기 기말고사}

{x|x는 학교에서 보는 정기 시험}

나와 늘 함께 하는 집합은?

{도덕, 국어, 영어, 수학, 체육, …, 미술}

{x|x는 학교에서 배우는 교과 이름}

같은 청바지를 가지고 가끔은 작업복으로, 때론 외출복으로 소화할 수 있는 사람은 자신만의 패션 감각을 가진 사람입니다. 같은 집합을 가지고 원소 나열법과 조건 제시법으로 동시에 표현할 수 있는 사람은 수학을 사랑하는 사람입니다.

집합을 다양하게 표현해 봐요

조건 제시법은 여러분이 주로 생활하는 학교에서도 많이 사용되고 있는데, 아마도 집합을 배우기 전이라 그냥 지나쳤을 테지요. 이제부터는 생활 속에서 꼼지락대는 집합을 사랑해 주고 관심을 가지세요.

두 번째 학습 목표

1. 집합을 표현하는 방법을 배웁니다.
2. 원소의 개수를 구해 봅니다.
3. 집합의 종류유한집합, 무한집합를 익힙니다.

칸토어의 주문

다양한 집합을 표현하는 방법에는 원소를 하나하나 나열하는 원소 나열법과 공통된 성질을 제시해 나타내는 조건 제시법이 있답니다. 원소 나열법과 조건 제시법 중 어떤 것이 더 중요한 표현법이라고 말할 수는 없습니다. 그러니 두 가지 표현법을 자연스럽게 넘나들면서 집합을 표현할 수 있어야 합니다.

이제 집합을 표현하는 방법에 대해 알아보겠습니다.

수학적인 냄새가 물씬 풍기는 '10보다 작은 홀수들의 모임' 이라는 집합을 이용해 설명을 시작할게요.

이 집합에 속하는 원소들을 쭉 나열해 볼까요?

"{1, 3, 5, 7, 9}입니다."

맞아요, 아주 잘했습니다.

이와 같이 집합의 원소를 하나하나 나열해서 나타내는 방법을

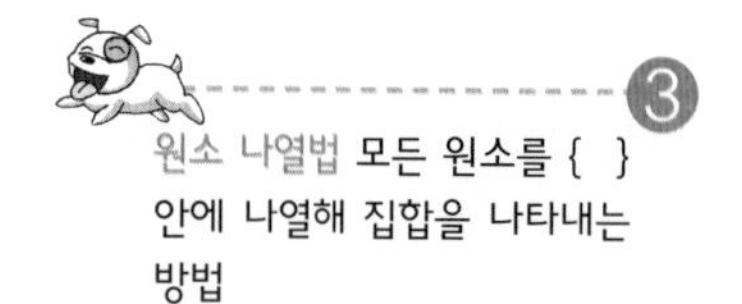

원소 나열법 모든 원소를 { } 안에 나열해 집합을 나타내는 방법

원소 나열법[3]이라 부릅니다.

원소 나열법의 장점은 집합 안에 속하는 원소를 훤히 들여다볼 수 있다는 것입니다. 꼭 기억해 두세요.

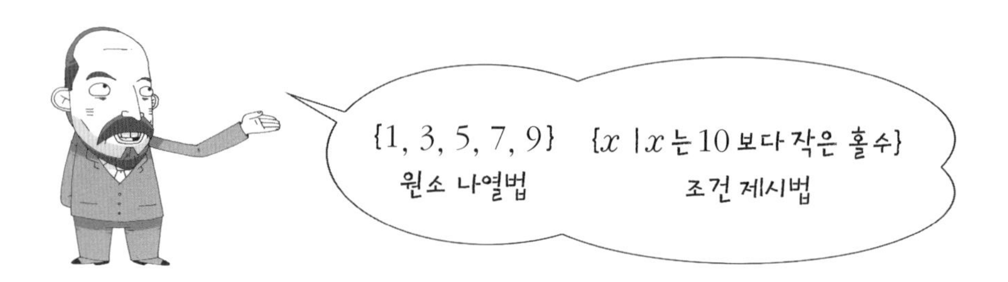

자~, 이번에는 엄지가 상큼하고 참신한 집합을 하나 말해 볼래요?

“음~, 우리 반에서 E-mail 주소가 있는 친구들의 모임이요.”

네~, 엄지가 말한 집합은 정보화 시대를 이끌어 가고 있는 대한민국 학생들에게 잘 어울리는 집합의 예가 되겠군요. 그러면 어디 E-mail 주소를 가지고 있는 사람들은 손을 들어 보세요.

예상대로 5학년 1반의 35명 친구들은 모두 E-mail이 있군요. 컴맹이라는 단어가 사라질 날도 그리 멀지 않은 것 같네요.

자, 그럼 ‘5학년 1반에서 E-mail 주소가 있는 친구들의 모임’의 원소를 하나하나 나열해 볼까요?

칠판에 쓸 테니 35명의 이름을 다 같이 천천히 불러 보세요.

"{엄지, 검지, 깍지, …}"

헉헉…… 여러분이 부르기도 힘들겠지만 쓰는 것도 무척 힘드네요.

35명의 이름을 모두 다 써서 집합을 표현하기에는 좀 무리겠지요? 이와 같이 원소가 너무 많을 때에는 줄임표…를 사용해 {엄지, 검지, 깍지, …, 꼼지}와 같이 나타낼 수도 있습니다.

문제는 이 안에 몇 명이 포함되어 있는지, 또 누가 생략되어 있는지 전혀 알 수가 없다는 거예요. 그래서 많은 수학자가 머리를 맞대고 고민을 했답니다. 셀 수도 없고 원소가 너무 많아 나열하기도 힘들 때, 좀 더 정확하고 쉽게 표현하는 방법이 없을까 하고 말이에요.

그렇게 해서 새롭게 태어난 방법이 바로 조건 제시법[4]입니다.

[4] 조건 제시법 원소들의 공통된 성질을 { } 안에 제시해 집합을 나타내는 방법

자~, 조금 전에 엄지가 제시한 집합을 조건 제시법으로 나타내 볼까요?

{x|x는 E-mail을 가진 ★초등학교 5학년 1반 학생}

어때요? 무척 간결하면서도 확실하지요?

E-mail을 가진 ★초등학교 5학년 1반 학생들의 구성원은 이미 알고 있는 사실이니까 어느 누구도 태클을 걸 수 없을 것입니다.

이렇게 E-mail을 가진 ★초등학교 5학년 1반이라는 조건을 제시해

집합을 나타내는 방법이 바로 조건 제시법이랍니다.

조건 제시법은 여러분이 주로 생활하는 학교에서도 많이 사용되고 있는데, 아마도 집합을 배우기 전이라 그냥 지나쳤을 테지요. 이제부터는 생활 속에서 꼼지락대는 집합을 사랑해 주고 관심을 가지세요.

▨ 그럼 생활 속의 조건 제시법을 만나 볼까요?

'우애반 학생들은 오늘 회의가 있으니 A교실로 모이세요' 아니면 '밴드반 학생들은 연습을 하고 나서 뒷정리를 잘하세요', '5학년 학생들은 내일 영어 듣기 시험이 있으니 컴퓨터용 사인펜을 준비해 오세요' 등이 그 예입니다.

모두 조건을 제시해 깔끔하게 나타내는 집합임을 알 수 있지요? 이밖에도 아주 많은 집합이 여러분 주위에서 꼼지락대고 있으니 찾아서 생활 속의 수학을 만나 보세요.

▨ 그렇다고 조건 제시법만 고집하면 안 됩니다.

왜냐하면 조건 제시법은 조건 제시법대로, 원소 나열법은 원소 나열법대로 장단점을 갖고 있기 때문이지요.

자, 보세요.

조건 제시법 $\{x|x$는 10보다 작은 홀수$\}$는 간결하고 확실해서 좋지

만 투명한 느낌이 들지는 않습니다. 원소를 훤히 들여다볼 수 없으니 원소가 뭔지 알고 싶다거나 원소의 개수를 구하고 싶을 때에는 어느 정도의 시간을 들여 생각을 해야 합니다. 그러나 원소 나열법 {1, 3, 5, 7, 9}는 어떤가요? 어떤 원소로 되어 있는지, 또 원소의 개수가 몇 개인지 훤히 보이잖아요.

이처럼 집합에 따라서 원소 나열법이 좋을 수도 있고, 조건 제시법이 편리할 때도 있답니다. 그러니 두 가지 표현법을 모두 익혀서 적당한 때에 사용할 수 있어야 합니다.

자~, 지금부터는 원소 나열법과 조건 제시법을 넘나들면서 집합에 따라 어떤 표현법이 좋은지 익혀 보도록 합시다.

- 20의 약수들의 모임
- 10보다 큰 짝수들의 모임
- 키가 3m 이상인 대한민국 사람들의 모임

위에 제시한 모임은 모두 집합입니다.

두 가지 표현법을 이용해 이들 집합을 나타내 보면서 장단점을 찾아볼까요?

A=$\{x|x$는 20의 약수$\}$=$\{1, 2, 4, 5, 10, 20\}$

B=$\{x|x$는 10보다 큰 짝수$\}$=$\{12, 14, 16, \cdots\}$

C=$\{x|x$는 키가 3m 이상인 대한민국 사람$\}$=$\{\quad\}$=ϕ

어때요? 위에서 제시한 집합을 원소 나열법과 조건 제시법으로 나타내 보았는데 둘 다 나름대로 특징이 있지요?

집합 A나 C처럼 원소의 개수가 적거나 없을 때에는 원소 나열법이 깔끔하고, 집합 B처럼 원소가 너무 많아 셀 수 없을 때에는 역시 조건 제시법이 간편합니다.

그러나 집합 C를 원소 나열법인 $\{\quad\}$나 ϕ처럼 나타냈을 때 그것만 가지고 집합 C가 정확하게 어떤 집합을 가리키는지 알 수 있을까요?

음, 그러니까 $\{x|x$는 키가 3m 이상인 대한민국 사람$\}$을 나타낸 ϕ인지, 아니면 $\{x|x$는 1보다 작은 자연수$\}$에서 나온 ϕ인지 알 수 있을까 하는 거예요.

둘 다 똑같이 공집합ϕ입니다. 그러나 그런 식으로 따지자면 ϕ에 속하는 집합은 엄청나게 많아질 것입니다.

그래서 확실하게 어떤 집합임을 나타내고 싶다면 집합을 이루는 원소들이 가지는 공통된 성질을 제시한 조건 제시법을 사용하는 게

좋습니다.

"그런데 칸토어 선생님~, 조건 제시법에서 원소의 개수가 몇 개인지 알고 싶으면 결국 원소 나열법으로 나타내야 하지 않나요?"

그렇지요. 그런 이유 때문에 어떤 방법 하나만을 고집하지 말고 두 가지 방법을 자연스럽게 넘나들 수 있어야 한다는 것입니다.

아, 그러고 보니 집합에 대한 원소의 개수가 몇 개나 되는지 많이 궁금한 모양이군요.

그래요, 집합이 주어지면 그 집합을 구성하고 있는 원소가 몇 개나 되는지 알아보고 싶을 거예요.

[5] $n(\mathrm{A})$ 유한집합 A의 원소의 개수

그러면 각 집합에 대한 원소의 개수 $n(\mathrm{A})$[5]를 구해 봅시다.

집합 $\mathrm{A}=\{x \mid x$는 20의 약수$\}$가 있어요. 이때 원소의 개수는 몇 개나 될까요?

"잠깐만요, 칸토어 선생님~. 이 조건 제시법을 원소 나열법으로 바꾸어야 원소를 셀 수 있으니까 시간이 좀 걸릴 것 같아요. 음, $\mathrm{A}=\{1, 2, 4, 5, 10, 20\}$이므로 집합 A의 원소의 개수는 6개네요."

보세요. 원소 나열법으로 표현한 집합은 원소의 개수가 바로 보이지요?

"네~, 그런데 칸토어 선생님~ 원소의 개수를 나타내는 좀 더 세련된 수학 기호는 없나요?"

오호, 있지요. 수학 기호를 기다리는 것을 보니 어느새 여러분이 수학 언어를 사랑하게 되었나 봅니다. 컴퓨터 언어, 아니 그 어떤 언어보다도 세련되고 멋진 언어가 바로 수학 언어이니 앞으로 더욱 많이 사랑해 주세요.

'집합 A의 원소의 개수는 6개다'를 수학 기호를 사용해 나타내면 '$n(\mathrm{A})=6$'입니다.

어때요? 수학 언어~, 매력적이지요?

원소의 개수를 나타날 때 사용하는 n은 number개수의 첫 글자 n에서 따온 것입니다.

집합 $\mathrm{C}=\{x \mid x$는 키가 3m 이상인 대한민국 사람$\}=\{\quad\}=\phi$의 원소는 하나도 없으므로 $n(\mathrm{C})=0$이라고 표현하면 됩니다.

그러면 집합 $\mathrm{B}=\{x \mid x$는 10보다 큰 짝수$\}=\{12,\ 14,\ 16,\ \cdots\}$의 원소 개수 $n(\mathrm{B})$는 얼마일까요?

"셀 수 없이 많으니까 구할 수 없지 않나요?"

그렇습니다. 집합에는 원소를 셀 수 있는 집합과 원소가 너무 많아 셀 수 없는 집합, 이렇게 두 가지가 있습니다.

앞에서 예로 든 집합 A나 C처럼 원소를 셀 수 있는, 유한개의 원소

유한집합 원소의 개수가 유한한 집합

무한집합 원소의 개수가 무한한 집합

공집합ϕ 원소가 하나도 없는 집합

로 되어 있는 집합을 유한有限집합[6]이라 하고, 집합 B처럼 원소가 너무 많아 셀 수 없는, 무한개의 원소로 되어 있는 집합을 무한無限집합[6]이라 부릅니다. 유한집합 중에서도 집합 C처럼 원소가 하나도 없는 집합을 특별히 공집합[6]이라 부른다는 건 앞에서도 강조했으니 꼭 기억해 두세요.

칸토어와 아이들의 신나는 수학 체험 3

어느 날 칸토어와 아이들은 영화관에 가기로 했습니다.

아이들이 살고 있는 ♣마을에 있는 영화관은 모두 세 곳입니다. 어느 영화관에 갈지 토론하고 있을 때 한 아이는 이미 집합 X를 만들어내고 있었습니다. 그 아이는 속으로 생각했습니다.

'X={x|x는 ♣마을에 있는 영화관} 따라서 n(X)=3이군.'

일행은 Y 영화관으로 가기로 결정했습니다. 가서 살펴보니 Y 영화관은 4관까지 있었습니다. 그런데 상영되는 영화는 총 3편뿐이었습니다. 왜일까요? 알고 보니 인기 있는 영화 〈괴물〉을 2개관에서 상영하고 있더군요.

조건 제시법으로 나타내면 A={x|x는 Y 영화관에서 상영하는 영화}입니다. 그런데 엄지는 영화관에서 상영하고 있는 영화가 어떤 영화인지 정확히 밝혀 주고 싶다네요. 엄지가 원소 나열법을 써서 A={아이스케키, 신데렐라, 괴물}임을 알았습니다.

엄지 덕분에 n(A)=3임을 금방 알아낼 수 있었습니다.

그런데 안타깝게도 칸토어와 아이들이 보고 싶은 영화는 하나도 없었습니다.

결국 영화 감상은 포기하고 맛있는 아이스크림을 먹으면서 3, 6, 9 게임을 했습니다.

아이들이 내놓은 수는 끝이 없었습니다.

B={x|x는 오늘 칸토어와 아이들이 본 영화}는 공집합이었고,

C={x|x는 아이들이 내 놓은 수}는 무궁무진해서 n(C)는 구할 수 없음을 알고 아이들이 얼마나 3, 6, 9 게임에 능수능란한지 놀라웠습니다. 이어진 3, 6, 9 게임에 질린 칸토어는 슬그머니 자리를 떴습니다.

생활이 수학임을 아는 사람은 수학을 사랑하는 사람입니다.

칸토어와 아이들의 신나는 수학 체험 4

엄지는 칸토어의 전화를 받고 학교 앞 떡볶이집 앞으로 달려갔습니다.

떡볶이집에는 엄지 외에도 검지, 꼼지가 미리 와 있었습니다.

"너희들 여기는 웬일이니?"

엄지가 반가워하며 물었습니다. 아이들은 모두 칸토어의 전화를 받고 뛰어나온 거라고 했습니다.

그때 마침 후문 쪽에서 깜지와 칸토어가 빠른 걸음으로 걸어오고 있었습니다.

"다들 모였구나. 어서 들어가자."

칸토어는 아이들을 앞세워 떡볶이 집으로 들어갔습니다.

칸토어가 음료수와 떡볶이를 시키고 있을 때 궁금한 게 있으면 참지 못하는 꼼지가 한마디 던졌습니다.

"칸토어 선생님~, 왜 저희 4명에게만 맛있는 것을 사 주시는 거예요?"

"지난번에 교실 환경 정리하느라 애썼잖아."

칸토어는 슬며시 웃으며 대답했습니다.

"아~ 네~, 저는 어째서 저희 4명 {엄지, 검지, 꼼지, 깜지}가 선택되었는지 궁금했어요. 결국 저희 4명의 공통된 조건은 '환경 정리 도우미' 였군요.

따라서 저희 4명은 5학년 1반이라는 집합 중에서도 특별한 또 하나의

집합이므로, 조건 제시법으로 나타내면 $\{x|x$는 교실 환경 정리 도우미$\}$가 되겠네요."

이처럼 우리 생활 주변에 수학이 꼼지락대고 있다는 사실을 아는 사람은 수학을 사랑하는 사람입니다.

두번째
수업 정리

1 원소 나열법 집합의 모든 원소를 { } 안에 나열하는 방법
⇨ A={2, 3, 5, 7}

2 조건 제시법 집합의 원소들이 공통으로 갖는 성질을 이용해 {x| x는 …}으로 나타내는 방법 ⇨ A={x | x는 10 이하인 소수}

3 **유한집합**有限集合, finite set 원소의 개수가 한정되어 있어서 셀 수 있는 유한한 집합 ⇨ A={2, 3, 5, 7}, △={x | x는 2보다 작은 짝수}

4 원소의 개수 n(A) 유한집합 A의 원소의 개수
⇨ A={2, 3, 5, 7}의 원소의 개수 n(A)=4

5 **무한집합**無限集合, infinite set 원소의 개수가 셀 수 없이 많아서 무한한 집합 ⇨ B={x | x는 자연수}, ★={x | x는 홀수}

6 **공집합**空集合, empty set 원소가 하나도 없는 집합단, 공집합도 유한집합 ⇨ △={x | x는 2보다 작은 짝수}

세 번째 수업 엿보기

영어 성적과 수학 성적을 가지고 누군가 그림을 그렸네요. 자, 그럼 이번에는 그림으로 집합을 만들어 볼까요?

벤 다이어그램

추상적인 학문인 수학은 그림을 그려서
구체화하는 작업이 무엇보다 중요합니다.
왜냐하면 그림을 보면 개념이 들어서고
이해하기가 훨씬 쉽기 때문이지요.

세 번째 학습 목표

1. 벤 다이어그램의 뜻을 이해합니다.
2. 다양한 벤 다이어그램을 그려 봅니다.

칸토어의 주문

앞서 '수업 엿보기'에서 본 그림만 있으면 별다른 설명이 없어도 누구나 엄지와 검지가 영어와 수학 모두 100점을 받았다는 것을 알 수 있습니다. 그리고 약지는 영어만 100점, 꼼지는 수학만 100점을 받았다는 사실도 금세 알아차릴 수 있습니다.

별다른 설명 없이 전체적인 흐름이 보이면서 이해가 되는 그림~, 어때요, 여러분? 참 편리하겠지요?

그래서 존 벤John Venn이라는 수학자는 그림을 이용해 다양한 집합의 포함 관계를 표현했답니다. 이러한 그림을 바로 벤 다이어그램이라고 하지요.

세 번째 수업에서는 벤 다이어그램의 매력에 한번 푹 빠져 보세요.

내 이름은 존 벤입니다. 다이어그램을 이용해서 문제 푸는 방법을 개발했기 때문에 내 이름을 따서 벤 다이어그램이라고 부르는 거예요.

자~, 오늘은 넓은 운동장으로 장소를 옮겨 집합의 꽃 벤 다이어그램[7]을 만나 보겠습니다.

5학년 1반 학생들 모두 운동장으로 집합하세요. 다 모였나요?

"네~!"

저기 보세요. 커다랗게 그려 놓은 원과 사각형이 보이지요?

남학생은 원 안으로 들어가고, 여학생은 사각형 안으로 들어가 보세요.

7 벤 다이어그램 집합을 그림으로 나타낸 것

각 그림 안에 들어가 있으니 뭔가 다른 것들과 확실하게 구분이 되는 느낌이 들지요?

원의 안과 밖, 또 사각형의 안과 밖, 그리고 원과 사각형, 이렇게 말이에요.

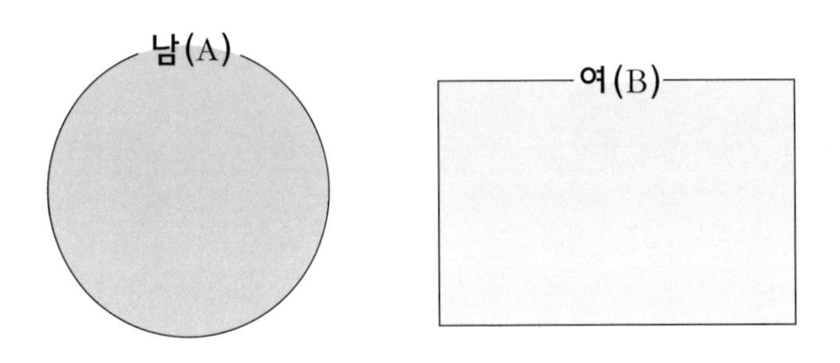

▨자, 사각형 안을 잘 둘러보세요.

각각 '언니', '동생' 이라고 써 놓은 원이 보일 거예요. 그럼 사각형 안에 들어가 있는 여학생 중에서 언니가 있는 학생은 '언니 원' 안으로, 동생이 있는 학생은 '동생 원' 안으로 들어가 보세요.

몇몇 아이들이 자기 자리를 찾아 부지런히 움직이고 있군요. 그런데 엄지는 왜 그렇게 우왕좌왕하고 있나요?

"칸토어 선생님~, 저는 언니도 있고 동생도 있거든요. 전 어디로 가야 하나요?"

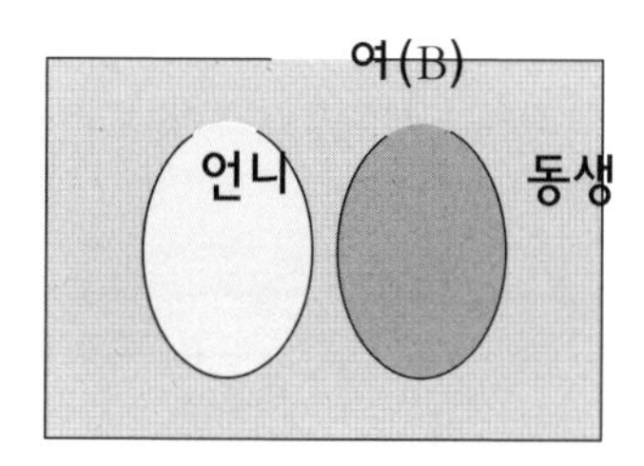

아, 그런 문제가 있었군요. 사람은 하나인데 양쪽에 가 있을 수도 없고, 그렇다고 언니 원과 동생 원을 왔다 갔다 할 수도 없는 일이겠지요?

어떻게 하면 이런 불편함을 해소할 수 있을지 곰곰이 생각해 보세요.

"칸토어 선생님~, 아래 그림처럼 언니 원과 동생 원이 서로 만나게 그리면 어떨까요?"

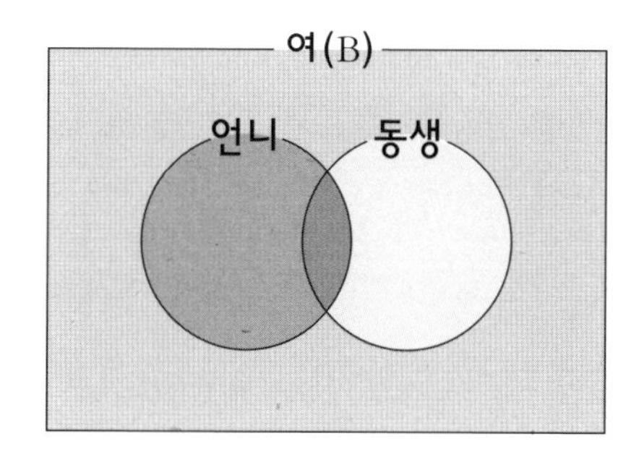

네, 아주 좋은 생각입니다!

어때요? 이제 엄지가 망설이지 않아도 되겠지요? 언니와 동생을 동시에 품고 있는 색이 진한 부분에 들어가면 될 테니까요.

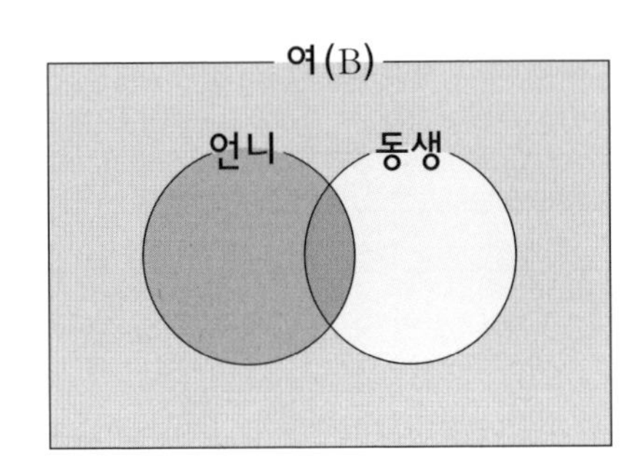

이처럼 생각을 꼼지락대면 여러 문제가 해결되면서 그 과정에서 논리를 발견하게 되지요. 이렇게 머리를 써서 해결하는 학문이 바로 수학입니다.

자~, 이번에는 언니도 없고 동생도 없는 여학생은 어디에 서야 할지 생각해 보세요.

"원 바깥에 서 있어야 합니다."

그래요. 집합을 나타낼 때 그림을 이용하면 집합과 집합 사이의 관계를 한눈에 드러나게 나타낼 수 있어 이해하기가 한결 쉬워 진답니

다. 이와 같이 집합을 그림으로 나타낸 것을 벤 다이어그램이라고 하지요.

방금 그림을 이용해 집합을 알기 쉽게 나타낸 방법은 내가 창작해 낸 것이 아니라 19세기에 이미 수학자 벤이 사용하기 시작한 방법이랍니다.

다시 말해서 벤Venn은 수학자의 이름이며, 다이어그램diagram은 '그림'이나 '표'를 뜻하는 단어인데, 집합을 알아보기 쉽게 여러 가지 도형으로 나타내는 것을 '벤 다이어그램'이라 부릅니다.

추상적인 학문인 수학은 이와 같이 그림을 그려서 구체화하는 작업이 무엇보다 중요합니다. 왜냐하면 그림을 보면 개념이 들어서고 이해하기가 훨씬 쉽기 때문이지요.

칸토어와 아이들의 신나는 수학 체험 5

우리 가족은 U={엄마, 아빠, 건지, 삐지, 재롱이}로 모두 5명입니다.

우리 가족의 특징을 한마디로 표현하기는 어렵지만 확실한 것은 식사 시간을 제외하고는 각자 하는 일이 다르다는 것입니다.

그래서 텔레비전을 시청할 때도 보는 채널이 다릅니다. 아빠와 건지는 뉴스를 보고 싶어 하고 저 삐지와 엄마 그리고 강아지 재롱이는 주로 드라마를 보지요. 그런데 오늘 저녁 9시에서 10시 사이에는 약간의 변화가 생겼습니다. 아빠와 건지는 뉴스를 보고, 엄마도 특보가 궁금하시다며 뉴스를 보시더니 특보가 끝나자마자 드라마를 보시기 위해 안방으로 들어가셨거든요. 또 저는 밀린 숙제가 많아 제 방에 틀어박혀 있었어요. 재롱이는 드라마에 푹 빠진 녀석이니 변함없이 드라마를 끝까지 시청했고요.

이렇게 긴 이야기를 간단하게 그림으로 나타내면 다음과 같습니다.

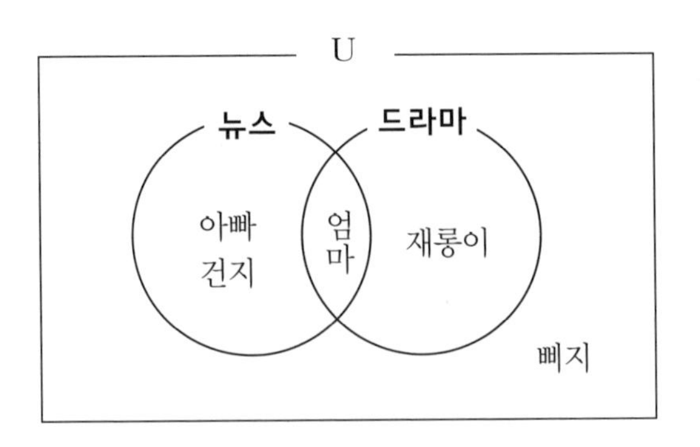

칸토어와 아이들의 신나는 수학 체험 6

수업 시간에 헤르만 헤세의 《데미안》을 읽은 사람은 손을 들어 보라고 했습니다. 그러자 엄지 혼자 손을 들었습니다.

그렇다면 생텍쥐페리의 《어린 왕자》를 읽은 사람은? 하고 물으니 엄지, 검지, 꼼지, 깜지가 손을 들었습니다.

우리 약지는 책 읽는 것을 싫어하는군요. 그런데 좋은 책을 읽는 것은 수학에 관심을 갖는 것만큼이나 중요합니다. 생각을 키우는 데 독서가 큰 몫을 하기 때문이지요.

나는 칠판에 벤 다이어그램 하나를 그렸습니다.

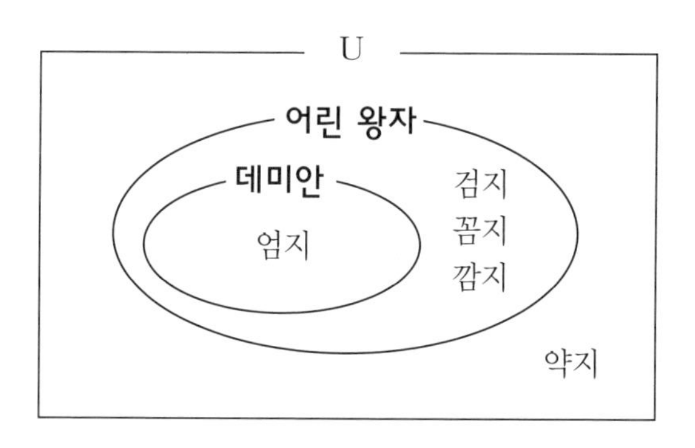

세번째
수업 정리

❶ 벤 다이어그램Venn diagram

집합을 알아보기 쉽게 여러 가지 도형으로 나타낸 그림

❷

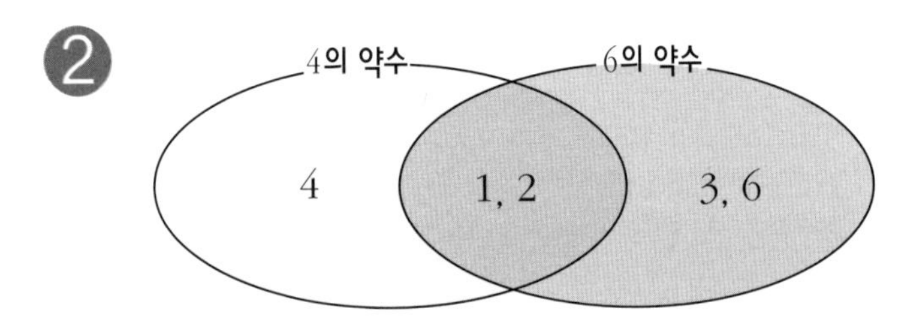

위의 벤 다이어그램을 보고 집합의 원소를 찾아봅시다.

$\{x \mid x$는 4의 약수$\}=\{1, 2, 4\}$

$\{x \mid x$는 6의 약수$\}=\{1, 2, 3, 6\}$

덤으로 4의 약수이면서 6의 약수인 수의 집합은 {1, 2}라는 것도 알 수 있겠지요?

③ 영어 성적과 수학 성적을 가지고 누군가 그림을 그렸네요. 그림으로 집합을 만들어 볼까요?세 번째 수업 엿보기 문제

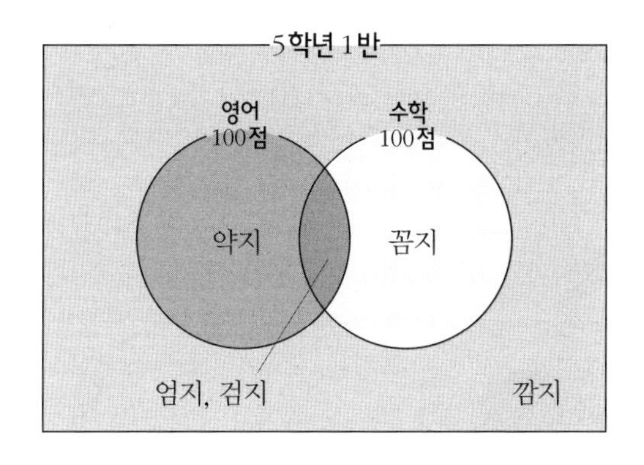

$\{x \mid x$는 영어 성적 100점$\}=\{$약지, 엄지, 검지$\}$

$\{x \mid x$는 수학 성적 100점$\}=\{$꼼지, 엄지, 검지$\}$

$\{x \mid x$는 영어 · 수학 성적 모두 100점이 아닌 학생$\}=\{$깜지$\}$

네 번째 수업 엿보기

우리는 5의 약수 모임
{1, 5}입니다.
항상 붙어 다니죠.
하지만 우리는
{1}, {5}처럼 홀로서기를
할 수도 있답니다.
{1}, {5} 우리는 {1, 5}에서
태어난 부분집합이에요.
{1, 5}
우리 말고 공집합 {ϕ}과
자기 자신도 주어진 집합의
부분집합이 되는 걸로 약속했대요.
...

부분집합

어떤 집합이 있을 때 그 집합을 가지고
새끼 집합인 부분집합을 몇 개 만들어 낼 수 있습니다.
이렇게 태어난 부분집합의 원소들은
모두 '주어진 집합'에 속하지요.

네 번째 학습 목표

1. 부분집합의 뜻을 이해합니다.
2. 집합과 집합 사이의 포함 관계를 알아봅니다.

칸토어의 주문

우리는 살아가면서 이런저런 모임에 속하게 됩니다.

만약 어떤 커다란 모임 안에서 작은 모임을 만들어 나가고, 다시 그 작은 모임 안에서 또 다른 작은 모임을 만들어 나간다고 할 때, 그것이 바로 부분집합의 원리입니다.

네 번째 수업에서는 두 집합 사이의 포함 관계를 알아보고, 실제로 부분집합을 만들어 보면서 집합을 좀 더 깊숙이 파고들어 보겠습니다.

오늘은 지난 시간에 배운 벤 다이어그램을 이용해 집합과 집합 사이의 포함 관계를 알아보겠습니다. 아래의 벤 다이어그램을 보세요.

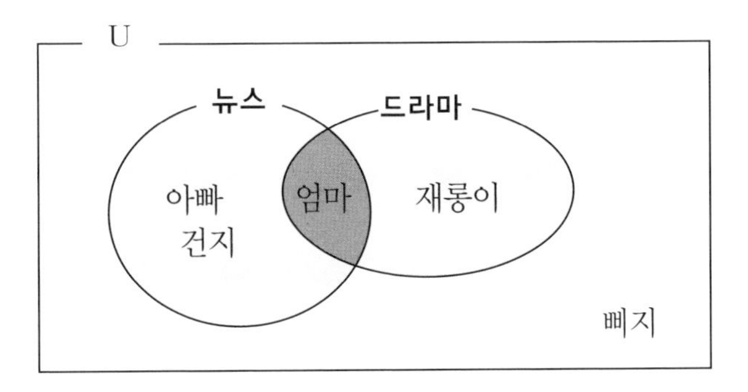

건지네 가족이 모두 속하는 전체 집합을 U라고 해 봅시다. 전체 집합 U를 원소 나열법으로 나타내 보면, U={엄마, 아빠, 건지, 삐지, 재롱이}가 됩니다.

전체 집합 U는 밤 9시가 되면 뉴스 팀과 드라마 팀, 그리고 방콕방에 콕 틀어박힘 팀으로 나뉜다고 합니다.

이렇게 생겨난 집합이 바로 주어진 집합의 새끼 집합이 되는 부분집합[8]이랍니다.

이를 쉽게 설명하면, 뉴스 팀={아빠, 엄마, 건지}, 드라마 팀={엄마, 재롱이}, 방콕 팀={삐지}로 이루어진 각각의 집합은 가족이라는 전체 집합 U의 부분집합이 된다는 것이지요.

[8] 부분집합 두 집합 A와 B에서 집합 A의 모든 원소가 집합 B에 속할 때, A는 B의 부분집합 이라고 하며, A⊂B로 나타낸다

이 세 팀에 속하는 원소들을 잘 보세요.

모든 원소가 가족이라는 전체 집합 U에 속해 있음을 한눈에 알아볼 수 있을 것입니다.

결국 뉴스 팀이나 드라마 팀이나 방콕 팀의 원소들은 모두 엄지네 가족의 전체 집합 U에 속한다는 뜻입니다.

따라서 뉴스 팀은 엄지네 가족의 전체 집합 U의 부분집합이고, 드라마 팀도 역시 전체 집합 U의 부분집합, 그리고 마지막 방콕 팀도 마찬

가지로 U의 부분집합이 되면서 부분집합 기호 '⊂' 가 고개를 내밀게 된답니다.

뉴스 팀⊂U, 드라마 팀⊂U, 방콕 팀⊂U처럼 말이지요.

▨부분집합의 기호 ⊂를 발견했나요?

부분집합의 기호 ⊂는 '포함하다' 라는 뜻의 영어 'contain' 의 첫 글자 C를 예쁘게 굴려서 만들었다고 해요.

이 기회에 영어 단어도 하나 외워 두면 일석이조겠죠?

몇몇 사람은 이미 눈치를 챘겠지만 '부분집합이 아니다' 라고 할 때에는 '⊄' 라는 기호를 사용합니다. 집합의 '원소가 아니다' 를 나타낼 때 ∉를 사용하는 것과 마찬가지랍니다. 그러니 '뉴스 팀은 엄지네 가족 U의 부분집합이다' 를 간단히 '뉴스 팀⊂U' 와 같이 나타내고, '드라마 팀은 엄지네 가족 U의 부분집합이다' 는 '드라마 팀⊂U' , 마지막으로 '방콕 팀도 엄지네 가족 U의 부분집합이다' 라는 긴 문장 역시 간단히 '방콕 팀⊂U' 로 표현됩니다.

어때요? 벤 다이어그램을 사용해 보니 보기도 좋지만 이해하는 데도 도움이 많이 되지요?

다시 말하지만 수학에서 벤 다이어그램이나 그래프 같은 그림은 생각의 나무를 키우는 데 큰 역할을 한답니다. 그러니까 이해하기 어려울 때에는 언제든지 그림으로 그려 보는 습관을 들이세요. 여러모로 도움이 될 것입니다.

이와 같이 어떤 집합이 있을 때 그 집합을 가지고 새끼 집합인 부분집합을 몇 개 만들어 낼 수 있습니다. 이렇게 태어난 부분집합의 원소들은 모두 '주어진 집합' 에 속하지요. 잘 기억해 두세요.

자~, 어젯밤에 컴퓨터 게임을 한 시간 이상 한 사람은 손을 들어 보세요.

깜지, 검지, 꼼지, 약지가 손을 들었군요.

네 사람은 이 원 안으로 들어가세요.

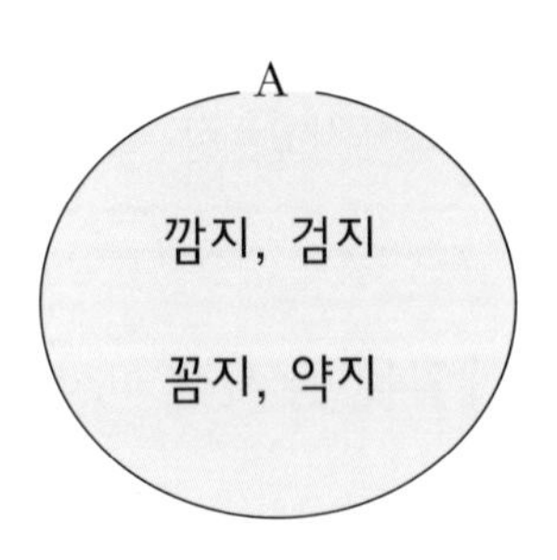

이렇게 집합 A가 태어났습니다.

그런데 집합 A에 속하는 깜지, 검지, 꼼지, 약지는 '★초등학교 5학년 1반 학생' 이라는 집합 S에도 속합니다.

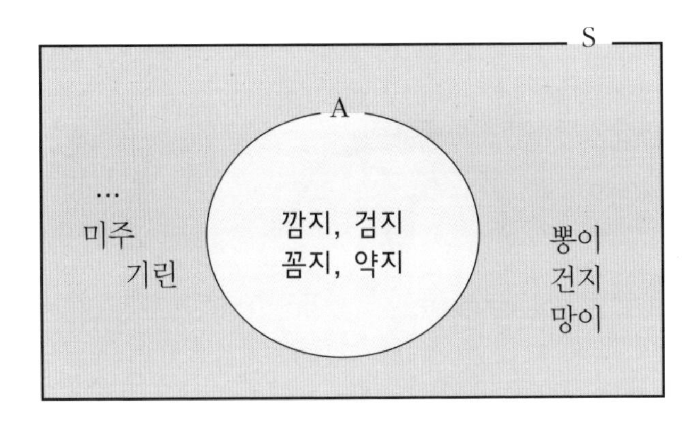

이와 같이 집합 A의 모든 원소가 집합 S에 속할 때 A를 'S의 부분집합' 이라고 합니다.

그리고 'A는 S에 포함된다' 라고 하거나 S를 주인공으로 삼아서 'S는 A를 포함한다' 라고 표현하기도 합니다. 멋진 수학 언어인 기호를 사용해 보면 어떨까요?

A⊂S 또는 S⊃A

어때요?

문장으로 길게 나열하는 것보다는 간결하면서도 세련미를 느낄 수 있지요?

자~, 이번에는 키가 155cm 이하인 학생들을 모아 집합 B라고 해 봅시다.

B={검지, 약지, 건지, 망이}

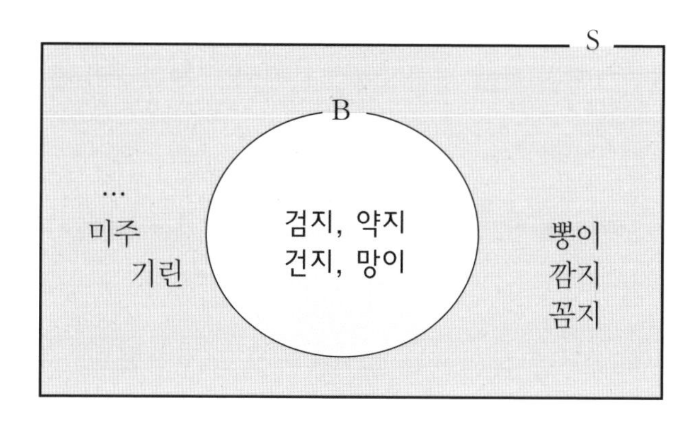

집합 B 역시 집합 S의 부분집합이니 집합 S 안에 넣어 벤 다이어그램으로 그릴 수 있으면서 기호로는 B⊂S 또는 S⊃B처럼 표현할 수 있습

니다.

집합 A와 집합 B를 동시에 전체 집합 S에 넣어 그림을 그려 보면 다음과 같은 새로운 벤 다이어그램이 탄생할 것입니다.

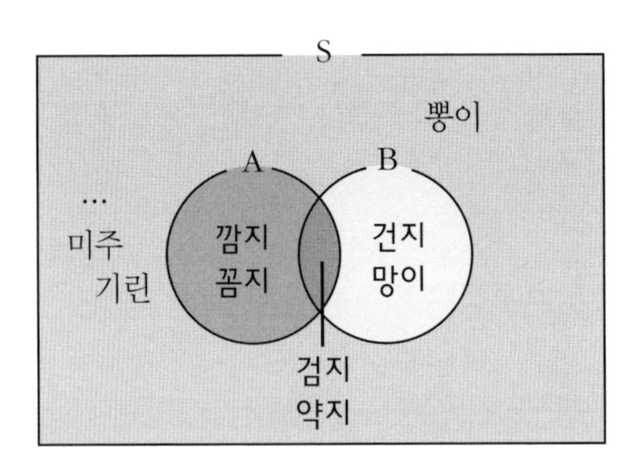

이 벤 다이어그램을 보고 집합 S의 부분집합인 집합 A와 집합 B의 포함 관계를 알아볼까요?

벤 다이어그램을 위와 같이 잘 그렸다면 집합 A와 집합 B는 서로가 서로를 품는 것이 아니라 단지 걸쳐 있다는 것을 알 수 있습니다.

이렇게 걸쳐 있기만 하면 A와 B 사이에는 부분집합 관계가 이루어질 수 없습니다.

자세히 설명하자면 집합 A의 원소인 깜지와 꼼지는 집합 B에는 속하지 않고, 집합 B의 원소인 건지와 망이는 집합 A에는 속하지 않기 때문에 집합 A와 집합 B는 서로가 서로의 부분집합이 아니라는 이야기입니다.

이처럼 집합 A의 원소 중에서 집합 B에 속하지 않는 원소가 하나라도 있으면 부분집합이 될 수 없습니다. 역시나 수학 기호를 사용해 간단히 나타내 보면 A⊄B 또는 B⊄A가 됩니다.

A⊄B 또는 B⊄A를 말로 풀어서 설명하면 '집합 A는 집합 B의 부분집합이 아니다' 또는 '집합 B는 집합 A의 부분집합이 아니다' 라고 해야 합니다.

"그렇다면 칸토어 선생님~, 우리 '★초등학교 5학년 1반' 이라는 집합 속에는 부분집합이 여러 개 숨어 있겠네요?"

그렇습니다. 아주 많지요.

"모두 몇 개나 되는데요?"

'★초등학교 5학년 1반' 이라는 집합의 원소가 35개니까~, 음~, 계산기의 힘을 빌려야 할 것 같군요.

"그렇게 많아요?"

물론입니다. 여러분이 그렇게 궁금해하니 한번 알아보지요.

먼저 원소의 개수와 부분집합의 개수는 서로 상관이 있으니 원소가 작은 집합부터 따져 보겠습니다.

지금까지 배운 집합 중에서 원소의 개수가 가장 작은 집합은 어떤 것이었지요?

"그야~ 원소가 하나도 없는 공집합이지요."

▨ 그러면 공집합의 부분집합부터 알아볼까요?

"칸토어 선생님~, 공집합에도 부분집합이 있나요?"

그렇습니다. 자기 자신은 자기 자신의 부분집합이라고 약속을 해 두었기 때문이지요.

"아하~, 그러면 $\phi \subset \phi$이군요."

그렇습니다. 그래서 원소가 하나도 없는 공집합의 부분집합의 개수는 모두 1개입니다.

"칸토어 선생님~, 공집합의 부분집합은 자기 자신밖에 없다는 말씀인가요?"

그렇습니다. 공집합은 원소가 하나도 없는 집합이니 자기 자신인 ϕ을 품을 뿐 그 누구도 품을 수 없습니다. 그러니 부분집합이 자기 자신 하나뿐이지요.

이제 원소가 1개인 집합의 부분집합을 알아보겠습니다.

$A=\{1\}$의 부분집합은 무엇인지 알아볼까요?

원소가 하나도 없는 $\phi \subset A$와 원소가 하나인, 즉 자기 자신인 $\{1\} \subset A$, 이렇게 모두 2개입니다.

"그렇다면 원소가 2개인 집합의 부분집합은 3개인가요?"

왜 그렇게 생각했지요? 엄지가 대답해 보세요.

"칸토어 선생님, 공집합일 때 부분집합은 1개, 원소가 1개일 때 부분집합은 2개잖아요. 그러니까 원소가 2개인 집합의 부분집합은 3개가 될 것 같은데요."

아주 좋은 생각입니다. 결과가 맞느냐 틀리느냐는 크게 문제되지 않습니다. 뭔가 미리 예측해 본다는 것은 수학적인 사고를 하고 있다는 뜻이므로 크게 칭찬하고 싶네요.

자~, 지금 엄지가 예측한 대로 맞아 떨어지는지 한번 따져 보겠습니다.

$B=\{1, 2\}$의 부분집합은?

$\phi \subset B$, $\{1\} \subset B$, $\{2\} \subset B$, $\{1, 2\} \subset B$, 이렇게 모두 4개군요. 아쉽게도 엄지의 예측은 빗나갔네요.

자~, 이제는 원소가 3개인 집합의 부분집합은 몇 개나 될지 추리해 보세요.

"글쎄요. 1, 2, 4, … 어떤 수가 올지 전혀 감이 잡히지 않는데요?

그런데 중요한 사실을 하나 발견했어요, 선생님."

말해 보세요.

"공집합ϕ은 약방의 감초처럼 모든 집합의 부분집합이라는 사실이요. 그것도 맨 처음에 나와요."

아주 좋은 발견입니다. 공집합ϕ은 모든 집합의 부분집합이랍니다.

원소가 3개인 집합의 부분집합이 몇 개인지 추리할 수 없다면 어쩔 수 없이 또 한 번 부분집합을 찾아 봐야겠군요.

▨ $C=\{1, 2, 3\}$의 부분집합은?

$\phi \subset C$, $\{1\} \subset C$, $\{2\} \subset C$, $\{3\} \subset C$, $\{1, 2\} \subset C$, $\{1, 3\} \subset C$, $\{2, 3\} \subset C$, $\{1, 2, 3\} \subset C$

"모두 8개군요!"

이제 추리를 할 수 있을 거예요.

"네~, 이제 알겠어요. 원소가 4개인 집합의 부분집합은 직접 구해 보지 않아도 알 것 같아요. 16개가 틀림없어요."

오, 어떻게 그런 숫자가 나왔지요?

"음, 1, 2, 4, 8, …은 앞의 수의 2배라는 사실을 알아냈습니다."

그렇습니다. 그렇다면 이제는 원소가 5개인 집합의 부분집합이 모두 몇 개인지도 알 수 있겠네요?

"그럼요! 모두 32개입니다."

그렇다면 원소가 10개인 집합의 부분집합은 몇 개나 될까요? 아니, 원소가 20개인 집합의 부분집합의 개수를 물어보고 싶군요.

"무슨 말씀이세요? 원소가 10개인 집합의 부분집합 개수도 계산하기 힘든데, 원소가 20개인 집합의 부분집합 개수를 무슨 수로 구하나요?"

그래서 수학적인 사고가 필요하다고 누누이 강조한 것입니다.

앞의 수의 2배라고만 알고 있다면 어떤 문제가 생길까요? 반드시 앞의 수를 알아봐야겠죠.

그러므로 뭔가 다른 규칙을 찾아내야 합니다.

1, 2, 4, 8, 16, ….

원소의 개수와 어떤 관계가 있는지 추측해 보세요.

여러분이 힘들어하니 힌트를 하나 주지요.

$2^0=1$, 2^1, 2^2, 2^3, 2^4, …와 같이 나타낼 수도 있답니다.

원소가 하나도 없을 때는 1, 원소가 하나일 때는 2, 원소가 두 개일 때는 2^2, 원소가 세 개일 때는 2^3, 원소가 네 개일 때는 2^4, ….

그러니 원소가 10개일 때는 2^{10}이 되겠지요?

"아하! 이제 알았어요. 원소가 20개일 때의 부분집합은 2^{20}개이고, 인원수가 35명인 우리 5학년 1반의 부분집합은 2^{35}이겠네요?"

네, 아주 잘했습니다. 여러분은 주어진 집합에 대한 부분집합의 개수를 알아내는 공식을 만들어 냈습니다.

원소의 개수가 n개인 집합의 부분집합의 총 개수는 2^n개입니다.

어때요? 공식이란 것도 별거 아니지요?

칸토어와 아이들의 신나는 수학 체험 7

칸토어와 아이들은 모처럼 따뜻한 햇살이 비치는 담벼락에 기대 일광욕을 하고 있습니다.

칸토어는 입고 있던 점퍼를 벗어 팔에 걸치며 아이들에게도 겉옷을 벗으라고 권했습니다. 햇살 속의 좋은 성분이 몸속으로 들어가 비타민 D를 생성하기 때문입니다.

신체 요구량의 80%를 햇빛을 통해 공급받을 수 있다는 비타민 D를 받아들이기 위해서 검지와 약지는 입고 있던 점퍼를 벗었습니다. 하지만 이렇게 몸에 좋다는 자외선도 꼼지에게는 알레르기 반응을 가지고 왔습니다. 꼼지는 손등이 가렵다며 긁기 시작했습니다.

이때 칸토어가 한마디 합니다.

"자외선이 비타민 D를 생성하는 데 많은 도움을 주기도 하지만 개인에 따라서는 햇빛 알레르기를 유발시키는 나쁜 요인이 되기도 하는군요. 그러니 지나치게 햇빛에 피부를 노출시키지 말고 하루에 30분 정도 일광욕을 즐기세요. 무엇이든 균형이 중요하거든요."

칸토어와 4명의 아이들은 일광욕을 하면서도 부분집합을 만들었습니다. 칸토어와 4명의 아이들의 집합인 {칸토어, 엄지, 검지, 약지, 꼼지} 중에서 점퍼를 입은 사람은 {엄지, 꼼지}, 햇빛 알레르기를 일으키는 사람은 {꼼지} …….

생활이 수학임을 아는 사람은 수학을 사랑하는 사람입니다.

칸토어와 아이들의 신나는 수학 체험 8

★초등학교는 전체 학생 수가 1200명이나 됩니다. 그 학생들 중에서 6학년 학급회장과 부회장은 전교 학생회장에 출마할 수 있는 자격이 주어집니다. 이번 학생회장 선거에 출마한 학생은 예년과 달리 5명이나 되어 경쟁이 치열했습니다.

선거가 치러지고 드디어 학생회장단이 결정되었습니다. 아울러 다른 일을 할 사람들도 속속 결정되었습니다. 학교의 규율을 담당하는 우애부 위원들, 학교 환경을 책임지는 환경위원, 도서 대출을 담당하는 도서위원, 교내 방송을 맡은 방송위원, 교실 컴퓨터를 관리하는 정보위원…….

이와 같이 ★초등학교 내에는 많은 단체가 있어서 조직적으로 일한다는 평가를 받고 있습니다.

이렇게 학교 안의 많은 조직들이 바로 ★초등학교의 부분집합임을 아는 사람은 수학을 사랑하는 사람입니다.

네번째
수업 정리

부분집합subset A가 B에 속할 때 'A는 B의 부분집합' 이 됩니다.

부분집합의 기호 ⊂는 집합과 집합 사이의 포함 관계를 나타낼 때 사용한다는 것에 유의하세요.

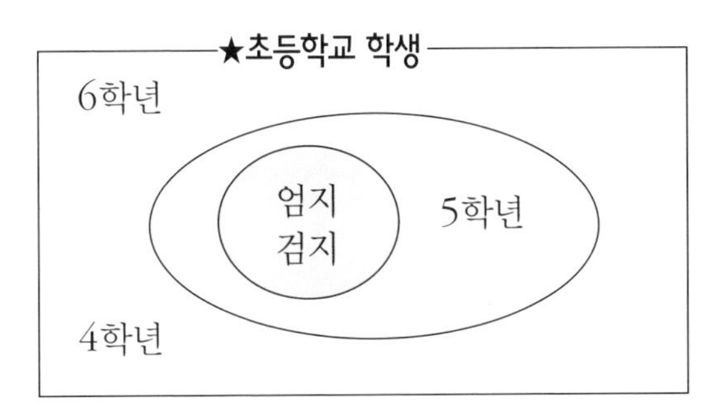

{엄지, 검지}⊂{x | x는 5학년},

{엄지, 검지}⊂{x | x는 ★초등학교 학생}

포함 관계를 알아볼 때 벤 다이어그램을 그려 보면 아주 편리하답니다.

다섯 번째 수업 엿보기

학교분실물센터
아얏~!
…
어이쿠
새로운 친구네. 넌 어디서 왔니?
응, 미술실에 버려졌다가 이리로 왔어.
안녕, 난 필이라고 해. 넌?
난 통이야. 우리 서로 이름도 알았는데 속에 뭐가 들었는지도 알려 주자.
내 속엔 연필, 지우개, 색연필이 있다.
나는 연필, 지우개, 자!
그럼 우리에겐 공통으로 연필과 지우개가 있네.
필∩통= {연필, 지우개}
하하하!

집합의 연산 ①

교집합과 합집합

일반적인 집합의 연산과 사칙연산은 달라요.
사칙연산 같으면 겹치는 것은 겹치는 대로 인정을
해 주어야 옳겠지만, 집합에서는 같은 원소가 중복될
경우 딱 하나만 인정해 주기로 약속했답니다.
그런 이유로 집합의 연산에서도 공통으로 들어간
원소들은 한 번씩만 써 주는 것입니다.

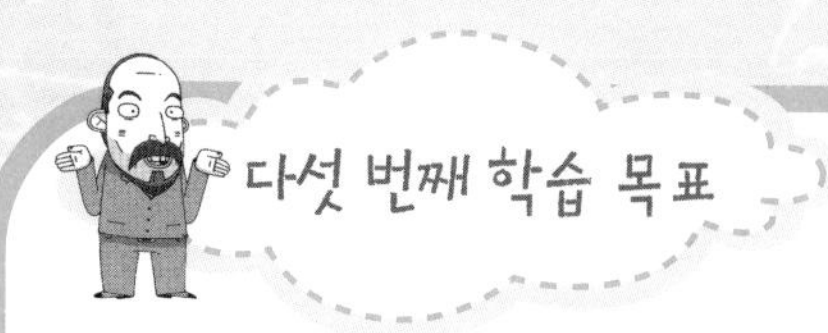

1. 교집합과 합집합의 뜻을 이해합니다.
2. 교집합과 합집합을 구해 봅니다.

칸토어의 주문

초등학교 때 배우는 수의 사칙연산 덧셈, 뺄셈, 곱셈, 나눗셈

중학교 때 배우는 집합의 연산 합집합, 교집합, 차집합, 여집합

이와 같이 연산에는 공통된 성질이 있답니다.

연산이란……?

어떤 대상 두 개에서 같은 종류의 새로운 대상 한 개를 만드는 과정입니다. 사칙연산 중 덧셈이나 곱셈은 두 개의 수에서 하나의 수를 만들어 내므로 '수의 연산'이라고 합니다. 반면 합집합이나 교집합처럼 두 개의 집합을 가지고 하나의 집합을 만들어 내는 것은 집합에서 이루어진 연산이므로 '집합의 연산'이라고 합니다.

어떤 수학적 대상을 공부할 때 그것들 사이의 연산을 공부하는 것은 아주 중요합니다. 임의의 것에서 출발해 또 다른 무엇인가를 만들어 내는 함수 상자 같은 역할인데다 새로운 대상이 어딘가에서 생겨난다는 것은 멈춤이 없다는 이야기니까 아주 중요하겠지요. 인간이 해야 할 일을 도맡아 하고 있는 컴퓨터도 마찬가지입니다. 가장 핵심이 되는 부분인 중앙처리장치CPU에는 반드시 연산 장치가 들어갑니다.

연산이란 쉽게 말하면 계산입니다. 하지만 연산은 어떤 약속에 따라 한정된 것에서 출발해서 계속 새로운 대상을 만들어 내는 마법의 장치라고나 할까요. 아무튼 연산은 사칙연산이나 집합뿐만 아니라 함수, 도형, 명제 등과도 깊은 관련이 있습니다. 연산이라는 용어를 사용하지 않을 뿐이지, 두 개의 함수를 가지고 새로운 함수를 만들어 내는 것은 엄연한 연산 작용이거든요. 세밀한 부분은 각 단원을 배우면서 만나기로 하고, 다시 한 번 연산의 중요성을 강조하고 싶네요. 연산이 품고 있는 깊은 맛은 주어진 몇 개에서 새로운 것을 창출해 내는 함수 상자와 같은 것이라고 이해해 두면서 앞으로 배울 집합의 연산과도 친해져 보세요.

햇살이 좋아서 등산하기에 참 좋은 어느 날, 아이들이 어깨에 배낭을 메고 하나 둘 나타나더니 어느새 산에 가기로 한 다섯 명이 모두 모였네요.

여러분 배낭 안에 무엇이 들어 있을지 궁금하군요. 내가 좋아하는 김밥도 들어 있다면 좋겠네요.

"네, 저는 칸토어 선생님께 드릴 김밥을 따로 준비했어요."

평소에 좋아하는 칸토어를 위해 특별히 준비했다는 듯이 엄지가 수줍은 속마음을 드러냈습니다.

그래요? 엄지의 김밥 솜씨가 기대되는군요.

자~, 그럼 떠나 볼까요?

헉헉거리며 정상에 다다른 칸토어와 다섯 명의 아이들은 누구랄 것도 없이 벌러덩 눕더니 열린 하늘과 지척으로 보이는 나무들을 감

상하며 상쾌한 기분을 느낍니다.

한참을 드러누운 채로 꼼짝을 않더니 가장 먼저 김밥을 꺼낸 사람은 역시나 배고픔을 참지 못하는 검지입니다.

"칸토어 선생님~, 금강산도 식후경이라는데 이제 그만 일어나세요."

그럴까요? 그럼 배낭을 열어 볼게요.

"와~, 칸토어 선생님의 배낭은 요술 배낭 같아요. 과일, 초콜릿, 음료수, 과자, 카메라, 메모지……, 우아, 끝이 없네요!"

이어서 검지의 배낭을 여는데 역시나 먹는 것이 취미인 녀석답게 김밥, 음료수, 과자, 초콜릿이 엄청나게 쏟아져 나오네요.

그때 깜지가 한마디 합니다.

"오늘은 과자랑 초콜릿이랑 음료수는 실컷 먹을 수 있겠네요."

아주 정확한 예측입니다. 깜지의 수학적 능력도 대단하군요.

"칸토어 선생님~, 그런 것쯤은 누구나 예측할 수 있다고요. 뭘 그렇게 칭찬까지 해 주세요?"

약지가 마침 잘 말했어요. 누구나 알 수 있는 뻔한 것이라도 논리에 맞게 표현하는 것이 바로 수학의 개념이거든요.

“겨우 배낭 안에 들어 있는 물건을 꺼내면서 나눈 이야기인데, 여기서 수학 이야기는 왜 튕겨져 나오는 거예요?”

음, 그건 수학이 우리 주변 어디에서나 꼼지락대고 있기 때문이지요.

자~, 내 배낭에서 나온 물건들을 집합시켜 볼게요.

{과일, 초콜릿, 음료수, 과자, 카메라, 메모지}입니다.

이번에는 검지가 가져온 것들을 모아 볼까요? 그러면 또 하나의 집합이 태어나지요? 그 집합은 다음과 같습니다.

{김밥, 음료수, 과자, 초콜릿}

그렇다면 나와 검지 두 사람이 공통으로 준비한 물건은 무엇일까요?

“{음료수, 과자, 초콜릿}이요.”

네, 나와 검지의 배낭 안에 공통으로 들어 있던 원소를 찾아낸 것도 칭찬할 만하지만, 그 원소들을 보고 둘 다 준비했으니 양이 많아 충분히 먹을 수 있겠다고 생각한 분석력 또한 칭찬감이랍니다.

이렇게 별것 아닌 것처럼 생각되는 많은 것이 수학을 공부하는 데 꼭 필요하니 늘 생각하는 습관을 기르도록 하세요.

자~, 김밥을 먹기 전에 알아야 할 것이 하나 있어요.

나와 검지가 공통으로 준비한 물건은 무엇인가요? {음료수, 과자, 초콜릿}이었지요?

이것이 바로 교집합[9]이랍니다.

⑨ 교집합 $A \cap B$ 집합 A에도 속하고 집합 B에도 속하는 모든 원소의 집합

벤 다이어그램을 이용하면 아주 쉽게 이해가 될 테니 그림을 한번 그려 볼까요?

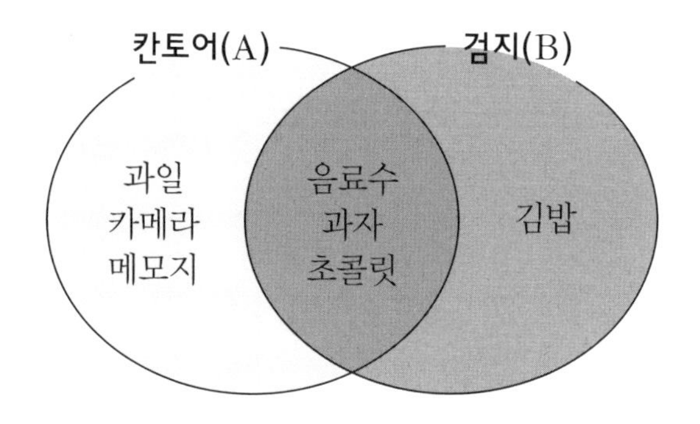

어때요? 아주 명확하고 깔끔하지요?

이쯤 되면 수학 기호가 그리울 것 같은데…….

"네~!"

내 배낭 안에서 나온 물건들의 집합을 벤 다이어그램처럼 A라 하고, 검지의 배낭 안에서 나온 물건들의 집합을 B라고 하면, 집합 A에도 속하고 집합 B에도 속하는 원소들로 이루어진 집합인 교집합은 '$A \cap B = \{$음료수, 과자, 초콜릿$\}$' 이라고 표현한답니다.

"그러면 집합 A와 집합 B의 교집합의 기호는 $A \cap B$인가요?"

그렇습니다.

그리고 교집합을 조건 제시법으로 아주 간단하게 표현할 수도 있습니다.

$A \cap B = \{x \mid x \in A$ 그리고 $x \in B\}$

이 교집합에 대한 조건 제시법을 친절하게 해석해 보면 'x가 A에 속하고 B에도 속하는 원소들의 모임'이라는 뜻입니다.

어떤가요? 교집합의 조건 제시법, 아주 간단하면서도 깔끔하지요?

합집합 $A \cup B$ 집합 A에 속하거나 집합 B에 속하는 모든 원소의 집합

이야기가 나온 김에 합집합[10]도 곁들여 설명해 보겠어요.

합집합은 말 그대로 집합 A에 속하거나 집합 B에 속하는 모든 원소들로 이루어진 집합으로, $A \cup B$={과일, 카메라, 메모지, 음료수, 과자, 초콜릿, 김밥}입니다. 어때요? 원소가 많아졌지요? 모두 합했거든요.

"그렇다면 칸토어 선생님~, {음료수, 과자, 초콜릿}은 두 번씩 써야 하는 것 아닌가요?"

아주 좋은 질문입니다.

일반적인 집합의 연산이 사칙연산과 다른 점이 바로 그것이거든요. 사칙연산 같으면 엄지 말대로 겹치는 것은 겹치는 대로 인정을 해 주어야 옳겠지만, 집합에서는 같은 원소가 중복될 경우 딱 하나만 인정해 주기로 약속했답니다. 그런 이유로 집합의 연산에서도 공통으로 들어간 원소들은 한 번씩만 써 주는 것입니다.

그래서 원소의 개수를 구할 때에도 집합의 연산은 사칙연산과 조금 다르지요.

합집합의 원소 개수인 $n(A \cup B)$를 구해 볼까요?

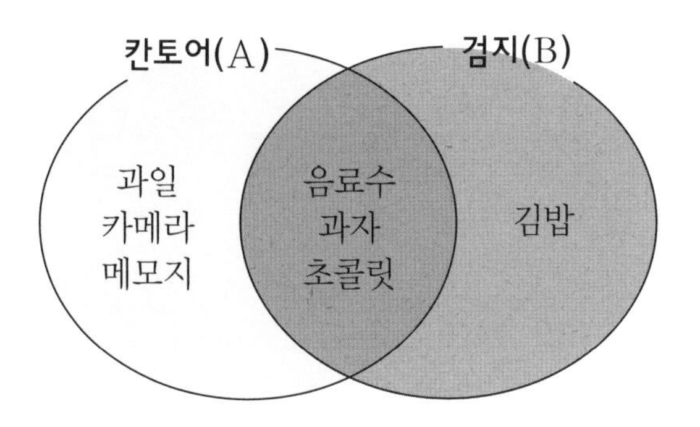

먼저 앞에서 공부한 대로 $A \cup B$를 구해서 원소의 개수를 따져 보겠습니다.

$A \cup B=${과일, 카메라, 메모지, 음료수, 과자, 초콜릿, 김밥}이므로 $n(A \cup B)=7$임을 알 수 있을 것입니다.

▨이번에는 $n(A)+n(B)$와 비교해 보겠습니다.

$n(A)+n(B)=6+4=10$이네요.

그렇다면 $n(A \cup B)$와 $n(A)+n(B)$는 값이 다르다는 이야기네요. 그렇지요?

왜 그럴까요? 앞서 설명했듯이 집합에서는 중복되는 경우 한 번만 인정해 주기로 약속했기 때문입니다. 그러니 중복된 교집합의 원소 개수를 빼 주는 $n(A \cup B) = n(A) + n(B) - n(A \cap B)$가 성립한답니다.

만약 사칙연산의 약속대로라면 $n(A \cup B) = n(A) + n(B)$가 성립하겠지요. 하지만 집합의 연산 중 하나인 합집합에서는 $n(A \cup B) = n(A) +$

$n(B)-n(A\cap B)$가 성립한다는 사실이 아주 중요하답니다.

물론 교집합이 원소가 하나도 없는 ϕ인 경우에는 당연히 $n(A\cup B)=n(A)+n(B)$가 되겠지만요.

역시나 합집합도 조건 제시법을 사용해 아주 간단하게 표현할 수 있습니다.

$A\cup B=\{x \mid x\in A$ 또는 $x\in B\}$

이 합집합에 대한 조건 제시법을 해석해 보세요.

"그건 'x가 A에 속하거나 B에 속하는 원소들의 모임' 이라는 뜻입니다."

그래요, 아주 정확한 표현입니다. 합집합의 조건 제시법 역시 깔끔해서 좋지요?

집합의 연산 ②
차집합과 여집합

차집합과 여집합~, 왠지 특별한 사이 같지 않나요?
A의 여집합은 $A^c=U-A$이거든요.
그러니 차집합 A−B와 무늬가 같잖아요.
단지 차이가 있다면 여집합은
반드시 전체 집합에서 빼 준다는 것입니다.

1. 차집합과 여집합의 뜻을 이해합니다.
2. 차집합과 여집합을 구해 봅니다.

집합의 연산 중에는 교집합과 합집합 말고도 차집합[11]과 여집합[11]이 있습니다.

차집합은 집합 A에는 속하지만 집합 B에는 속하지 않는 원소들로 이루어진 집합입니다.

기호로는 A−B로 나타내는데, 앞에서 살펴보았던 배낭 속 물건들로 설명하자면 A−B={과일, 카메라, 메모지}이고, B−A={김밥}이랍니다.

11

차집합A−B 집합 A에는 속하지만 집합 B에는 속하지 않는 모든 원소의 집합

여집합A^c 전체 집합 U의 원소 중에서 A에 속하지 않는 원소 전체로 이루어진 집합

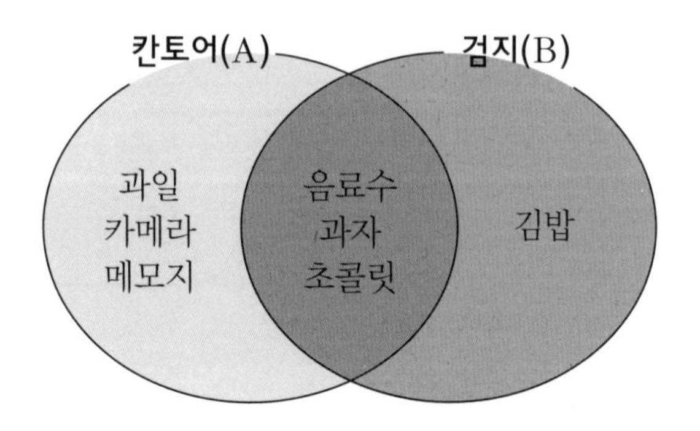

위에 있는 벤 다이어그램을 보면 역시 한눈에 이해가 되지요?

간단히 말하면, A−B는 순수한 집합 A의 원소로만 이루어진 집합이고 B−A는 순수한 집합 B의 원소로만 이루어진 집합입니다.

"칸토어 선생님~, 그럼 차집합도 조건 제시법으로 표현할 수 있겠네요?"

그렇습니다.

$A-B=\{x \mid x \in A$ 그리고 $x \notin B\}$

이 차집합에 대한 조건 제시법을 친절하게 해석해 보면 'x가 A에 속하고 B에는 절대 속하지 않는 원소들의 모임' 이라는 뜻이랍니다.

$B-A=\{x \mid x \in B$ 그리고 $x \notin A\}$

이 차집합에 대한 조건 제시법은 'x가 B에 속하고 A에는 절대 속하지 않는 원소들의 모임' 이라는 뜻입니다.

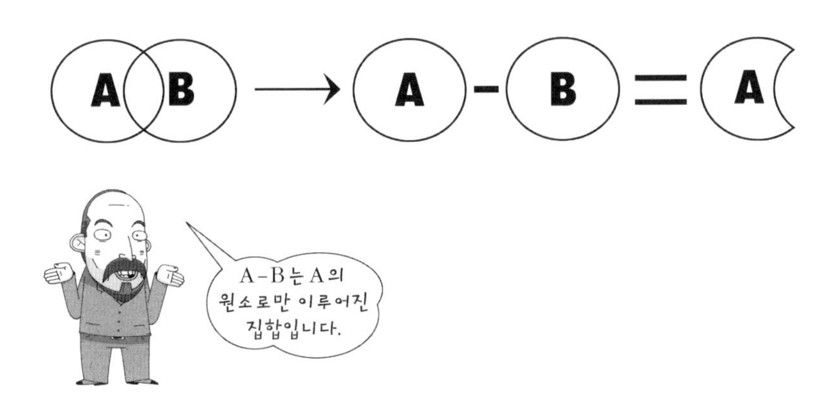

그런데 차집합의 조건 제시법은 두 가지나 되네요. 그것은 차집합의 조건 제시법이 두 종류인 것이 아니라 두 가지 경우를 예로 들었기 때문입니다.

앞서 말한 교집합이나 합집합에서는 교환 법칙이 성립하는데, 차집합에서는 교환 법칙이 성립하지 않거든요.

다시 말해 $A \cap B = B \cap A$, $A \cup B = B \cup A$이지만, $A - B \neq B - A$라는 뜻입니다.

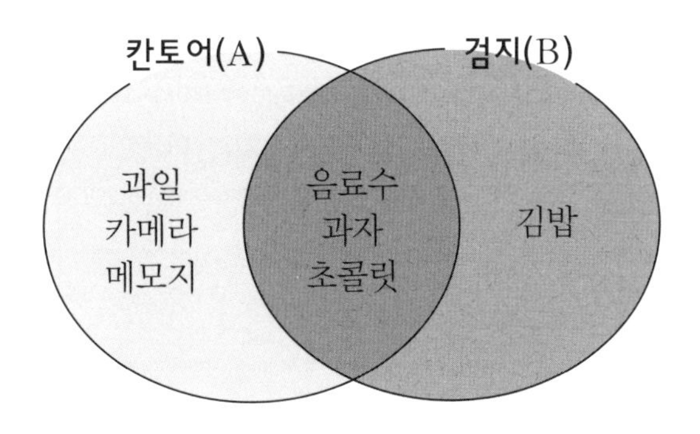

앞의 벤 다이어그램을 이용하면 A－B＝{과일, 카메라, 메모지}이고, B－A＝{김밥}이므로 A－B≠B－A가 된다는 내용을 금세 이해할 수 있을 것입니다.

12 **전체 집합** 어떤 주어진 집합에 대하여 그것의 부분집합을 생각했을 때, 처음에 주어진 집합

마지막으로 여집합이란 거대한 전체 집합[12]이 그 전체 집합의 부분집합만을 생각해 만든 집합으로, 견우와 직녀처럼 여집합이 모습을 드러내려면 언제나 전체 집합이 등장해야 한답니다.

이제 여러분의 배낭을 모두 열어 봅시다. 나와 검지가 가져오지 않은 것 중에 무엇이 있는지 이야기해 보는 거예요.

네~, 여기 엄지의 배낭에 특별한 것이 있군요. 돗자리와 물티슈. 역시 엄지는 꼼꼼하네요.

드디어 전체 집합이 태어나는 순간입니다. 잘 지켜보세요.

돗자리와 물티슈를 넣어서 아래와 같은 벤 다이어그램을 완성합니다.

어때요? 전체 집합이 보이지요?

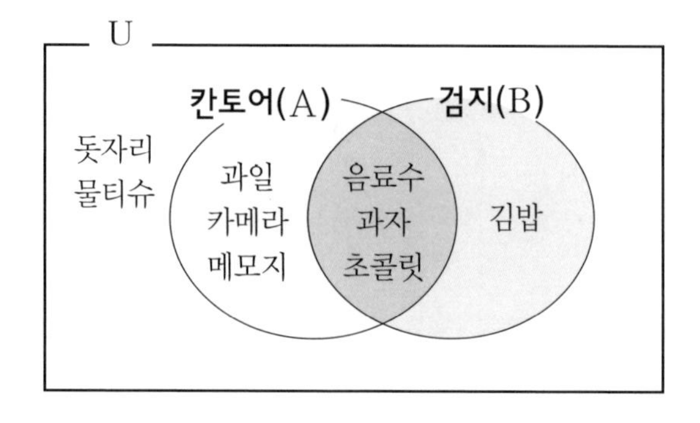

이렇게 해서 우리 모두가 준비한 배낭 안의 물건은 U={과일, 카메라, 메모지, 음료수, 과자, 초콜릿, 김밥, 돗자리, 물티슈}임을 알 게 되었습니다.

자~, 보세요. 돗자리와 물티슈는 왠지 집단 따돌림을 당한 것처럼 보이지 않나요?

이것이 바로 여집합이 가지고 있는 기본 개념이랍니다. 다시 말해 {돗자리, 물티슈}는 $A \cup B$의 여집합이에요. 기호를 사용해 볼까요?

$A \cup B$의 여집합은 $(A \cup B)^c$입니다.

위첨자 C가 바로 Complementary Set여집합의 머리글자랍니다.

여집합에 대해 좀 더 구체적으로 설명하기 위해 수학적인 냄새가 나는 간단한 집합을 만들어 보겠습니다.

전체 집합 U를 16의 약수의 집합, 집합 U의 부분집합인 집합 A는 8의 약수의 집합이라고 해 봅시다. 그러면 아래와 같은 벤 다이어그램이 완성될 것입니다.

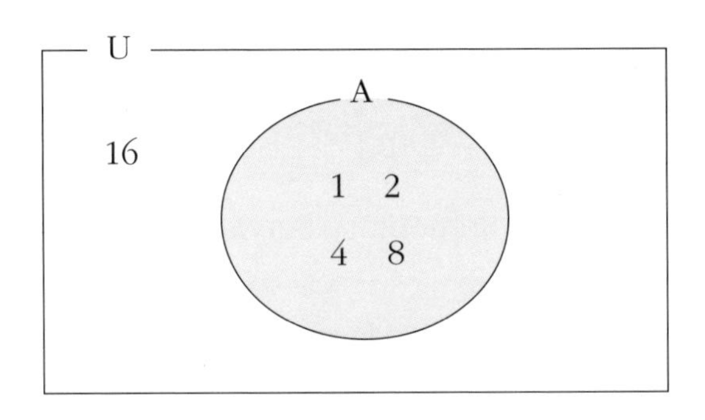

어때요? 역시나 원소 16은 집합 A에게 따돌림을 당하고 있는 느낌이지요?

그 느낌 그대로 {16}은 집합 A={1, 2, 4, 8}의 여집합이며, A^c= {16}으로 나타낸답니다.

이 설명을 듣고 나면 아마도 여집합 같은 사람이 되어서는 안 되겠다는 생각이 들 거예요.

왜냐하면 집합 A의 여집합은 전체 집합에서 집합 A를 빼고 난 나머지 집합으로, $A^c = U - A$이기도 하지만 무엇보다도 여집합이 품고 있는 나머지 '餘여' 때문이 아닐까요? 빼고 난 나머지? 왠지 부스러기 같은 느낌이 들잖아요.

다시 꼼꼼하게 설명하자면, 전체 집합 U의 부분집합 A에 대해 U에는 속하지만 A에는 속하지 않는 모든 원소로 이루어진 집합을 A의 여집합이라고 한답니다.

▨ 여집합도 예외 없이 조건 제시법으로 표현할 수 있습니다.

x가 U에는 속하고 A에는 속하지 않는 원소이므로 $A^c = \{x \mid x \in U$ 그리고 $x \notin A\}$와 같이 나타냅니다.

이 여집합에 대한 조건 제시법을 친절하게 해석해 보면 'x가 U에 속하고 A에는 속하지 않는 원소들의 모임' 이라는 뜻입니다.

또 A^c은 $U - A$와 같으므로 여집합은 언제든지 차집합으로 고칠 수 있다는 것도 기억해 두면 여러 가지로 편리합니다.

같은 방법으로 B^c은 $U - B$가 됩니다.

"그렇다면 칸토어 선생님~, 앞에서 예로 든 $A \cup B$의 여집합인 $(A \cup B)^c$도 차집합으로 고칠 수 있나요?"

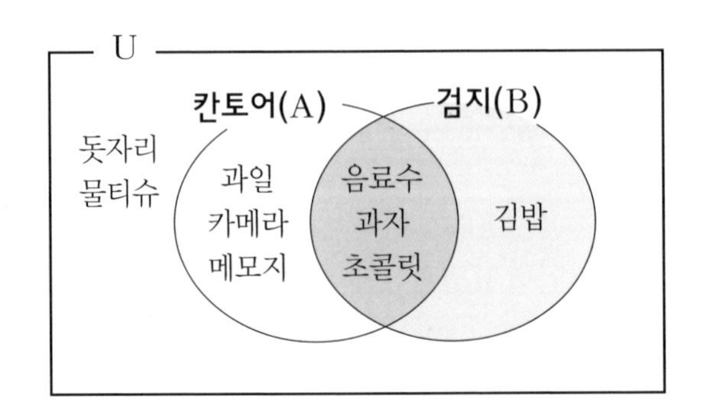

그렇습니다. 얼마든지 바꿀 수 있습니다.

$A \cup B$의 여집합인 $(A \cup B)^c$은 $U-(A \cup B)$와 같답니다. 그래서 $(A \cup B)^c$과 $U-(A \cup B)$는 둘 다 {돗자리, 물티슈}가 되지요.

어때요? 차집합과 여집합~, 왠지 특별한 사이 같지 않나요?

A의 여집합이 $A^c=U-A$이니 차집합 $A-B$와 무늬가 같잖아요. 다른 점이 있다면 여집합은 반드시 전체 집합에서 빼 준다는 것입니다.

여집합과 전체 집합은 성춘향과 이도령처럼 늘 붙어 다닌다는 사실 잊지 말고 기억해 두세요.

이번에는 $A \cap B$의 여집합인 $(A \cap B)^c$도 구해 볼까요?

역시 차집합으로 고칠 수 있으니까 $(A \cap B)^c$은 $U-(A \cap B)$가 됨을 알 수 있을 것입니다.

그러니 $U-(A \cap B)=${돗자리, 물티슈, 과일, 카메라, 메모지, 김밥}이 된답니다.

또 하나 중요한 사실이 있어요.

$(A \cup B)^c = U-(A \cup B)$이면서 $(A \cup B)^c = A^c \cap B^c$이기도 하답니다. 그러니까 $(A \cup B)^c = A^c \cap B^c$, $(A \cup B)^c = U-(A \cup B)$가 성립한다는 것이지요.

$(A \cap B)^c$ 역시 $(A \cap B)^c = U-(A \cap B)$이면서 $(A \cap B)^c = A^c \cup B^c$이 되겠지요?

이러한 사실은 모두 벤 다이어그램을 이용하면 쉽게 알아낼 수 있는 내용인데, 특히 $(A \cup B)^c = A^c \cap B^c$, $(A \cap B)^c = A^c \cup B^c$임을 발견한 사람은 드모르간Augustus de Morgan, 1806~1871이라는 수학자랍니다. 그래서 드모르간의 법칙이라는 이름을 달고 다니지요.

'고딩 수학'에도 자주 나오는 법칙이니 기억해 두면 좋겠지요.

지금까지 배고픔을 참아 가며 공부한 내용이 바로 집합의 연산으로 유명한 교집합, 합집합, 차집합, 여집합이었답니다.

자~, 이제부터는 모든 것을 잊고 맛있게 점심 식사를 하세요.

칸토어와 아이들의 신나는 수학 체험 9

오늘은 소풍날~

아이들이 삼삼오오 짝을 지어 점심을 맛있게 먹고 있습니다.

그런데 아이들 눈에는 다 똑같아 보이는 김밥이 칸토어에게는 그렇지 않습니다. 김밥을 뚫어지게 바라보기만 하고 쉽사리 손을 내밀지 않는 칸토어에게 검지가 한마디 합니다.

"칸토어 선생님~, 어서 김밥 좀 드세요. 다 똑같은 김밥인데 왜 살피기만 하시는 거예요?"

칸토어는 그제서야 빙그레 웃으며 엄지가 싸온 김밥을 하나 집어 먹었습니다. 그리고 약지가 싸 온 김밥도 맛있게 먹습니다.

식성이 까다롭다는 칸토어를 누구 하나 비난할 생각은 없지만 아이들은 너무 궁금합니다. 과연 칸토어가 선택한 김밥의 특징은 무엇일까요?

아이들은 궁금증을 이기지 못하고 자신들의 김밥에 무슨 비밀이 숨어 있는지 알아보기로 했습니다. 먼저 엄지의 김밥 (A)와 약지의 김밥 (B)를 꺼내 김밥 속 재료를 조사했습니다.

엄지의 김밥 속 재료 A={시금치, 단무지, 계란, 김치, 우엉}이고, 약지의 김밥 속 재료 B={시금치, 단무지, 계란, 고기, 날치알}이었습니다.

그렇다면 엄지와 검지의 김밥에 공통으로 들어간 재료는

$A \cap B$={시금치, 단무지, 계란}임을 알 수 있습니다.

엄지의 김밥에만 들어 있는 재료는 $A-B$={김치, 우엉}이고, 약지의 김밥에만 들어 있는 재료는 $B-A$={고기, 날치알}이 됩니다.

약지와 엄지의 김밥 재료를 모두 합해 보면

$A \cup B$={시금치, 단무지, 계란, 김치, 우엉, 고기, 날치알}입니다.

그렇다면 다른 친구들이 싸 온 김밥 속에는 과연 무엇이 들어 있기에 칸토어의 관심을 끌지 못했을까요?

{시금치, 단무지, 계란, 김치, 우엉, 고기, 날치알} 이외에 {햄, 소시지, 치즈, 게맛살} 중 무언가 하나가 더 들어 있었습니다.

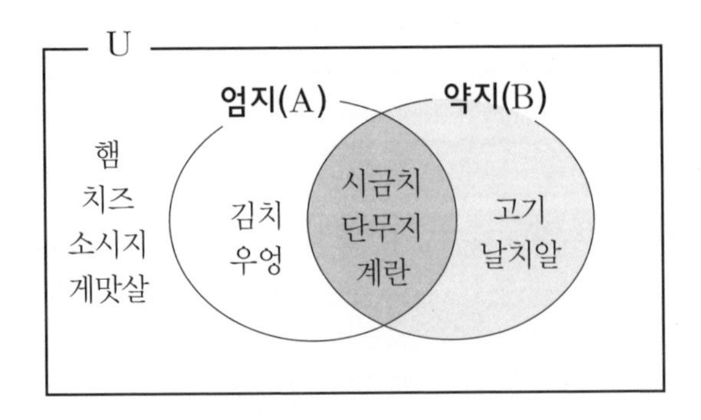

아하! 칸토어는 햄, 소시지, 치즈, 게맛살 같은 인스턴트 식품을 아주 싫어하는군요.

이상을 종합해 보면 $U-(A\cup B)=(A\cup B)^c=\{$햄, 소시지, 치즈, 게맛살$\}$로 칸토어가 좋아하는 김밥 속 재료와 싫어하는 김밥 속 재료가 무엇인지 확실해집니다.

김밥 속에 숨어 있는 수학을 찾아내는 사람은 수학을 사랑하는 사람입니다.

생활 속 이야기

"칸토어 선생님~, 저 있잖아요. 집합 단원을 저 혼자 공부해 보고 싶어요. 다시 말해서 과외를 한다거나 학원에 다니지 않고 스스로 학습을 통해 꼼꼼하게 공부하고 싶단 말이지요."

검지 군이 지금 원하는 그 '스스로 학습' 이야말로 이 칸토어가 늘 여러 분들에게 권하고 싶은 올바른 학습 방법이랍니다. 그러니까, 그렇게 하면 정말 좋을 텐데 무슨 문제가 있나요?

"문제는 공부할 시간을 낼 수가 없다는 거예요."

아니, 공부할 시간을 낼 수가 없다니요? 혹시 게임에 중독되어 시간을 낼 수 없다는 얘기인가요? 그렇다면 어서 상담을 받아 보세요.

"그게 아니고요."

그것도 아니라면 아르바이트로 돈을 벌어야 할 사정이 생겼나요?

"칸토어 선생님~, 제발 제 얘기를 끝까지 들어 보세요."

알았어요. 학생이 공부할 시간이 없다고 말하니까 칸토어도 답답해서 하는 소리입니다. 어떤 사정인지 어서 말해 보세요. 칸토어가 도울 수 있으면 도와줄 거예요.

"글쎄요, 과연 저를 도울 수 있을까요? 제발 도와주셨으면 좋겠는데……. 자~ 지금부터 저의 하루 24시간을 낱낱이 공개할 테니 잘 들어 보세요. 저는 성장판이 열려 있는 청소년기이기 때문에 반드시 하루에 8시간은 자 줘야 키 크는 데 지장이 없다는 사실은 아시지요?"

물론이지요. 충분한 잠은 보약이거든요.

"그리고 저는 한 끼 밥을 먹는 데 약 1시간이 소요된답니다. 그러니 하루 세 끼 식사를 위해서는 3시간이 필요해요."

그래도 칸토어보다는 빨리 먹네요. 칸토어는 한 끼 식사하는 데 걸리는 시간이 보통 1시간 30분을 넘거든요. 그 다음은요?

"음…… 또 식사 외에도 간식을 먹어야 해요."

물론 그렇겠지요. 청소년기에는 무엇보다 활동량이 많아서 많은 에너지가 필요할 테니까요. 간식을 먹는 데는 얼마나 걸리지요?

"적어도 1시간이 걸려요. 그리고 세상이 어떻게 돌아가고 있는지 알려면 매일 뉴스를 봐야 해요. 신문을 보거나 저녁 뉴스를 보는 데 1시간은 필요해요."

그래야죠. 뉴스나 신문은 논술 대비를 위해서도 생활화해야 합니다.

"또…… 무엇보다 많은 시간이 필요한 것은 학교생활입니다. 하루의 $\frac{1}{3}$을 차지하거든요. 그러니 매일 8시간은 학교에서 보내야 해요. 그리고 우리와 같은 학생들은 반드시 건강을 위해 운동을 해야 해요. 하루에 운동에 투자하는 시간은 2시간 정도지요."

그렇지요, 건강한 신체에 건강한 정신이 깃든다라는 말도 있잖아요.

"교우 관계도 중요합니다. 그러니 친구와 대화를 나눌 수 있는 시간도 뺄 수 없답니다. 적어도 하루에 1시간은 비워 둬야 수다도 떨고 세상 돌아가는 얘기도 하지요."

물론입니다. 집단 따돌림이라는 고통을 겪고 싶지 않다면 당연히 친구와 어울리는 시간도 있어야지요.

자자…… 그럼 지금까지 들은 것들로 하루 일정을 계산해 보겠습니다.

수면 시간(8)+식사 시간(3)+간식 시간(1)+신문이나 뉴스를 보는 시간(1)+학교 생활(8)+운동(2)+교우관계(1)

자, 모두 합해 보세요.

24시간이군요. 그러니 검지 군 말대로 하루가 꽉 채워지는 것은 확실하네요. 그러니 어떻게 스스로 학습할 수 있는 시간을 따로 낼 수가 있겠어요?

"그럼요. 정말 시간이 없어요. 흑흑."

검지 군~ 정말 그렇게 생각하고 있나요?

"아니~ 칸토어 선생님! 지금까지 얘기할 때 고개까지 끄덕이며 모두 다 수긍을 해 놓고도 그렇게 제가 한심하다는 표정을 지으시면 어떻게 해요?"

왜 그러냐고요? 그건 검지 군의 이야기 속에 수학적인 허점이 있기 때문입니다.

"허점이라니요?"

잘 들어 보세요. 대신 앞서 배운 '집합의 연산'을 염두에 두고 들어야 해요.

하루 일정 중에 식사시간으로 계산해 둔 3시간 중 1시간은 점심시간입니다. 이것은 이미 따로 계산해 둔 학교생활 시간에도 포함된답니다. 점심식사는 급식으로 학교에서 해결하고 있으니까요.

좀 더 수학적인 설명을 곁들이자면 점심시간 A와 학교생활 시간 B가 있을 때 그중 1시간은 점심시간이면서 학교생활 시간이므로 $A\cap B$라는 사실입니다. 그러니 합집합 24시간을 구할 때는 이런 교집합을 빼 주어야 하지요.

$n(A\cup B)=n(A)+n(B)-n(A\cap B)$을 기억하면 도움이 될 것입니다.

"아~ 네~, 그렇다면 벌써 1시간의 여유가 생기네요."

그렇지요, 그뿐만이 아닙니다. 운동이나 교우관계를 위해 준비해 둔 시간도 대부분 학교에서 이루어지기 때문에 거기서도 교집합이 생겨서 시간의 여유가 좀 더 생기지요. 그러니 시간이 없어서 공부를 할 수 없다는 검지의 이야기는 논리적으로 허점이 있습니다.

"수학 앞에서는 꼼짝을 할 수가 없군요. 저의 생각이 짧았어요. 칸토어 선생님~, 이제부터는 기쁜 마음으로 수학 공부를 열심히 해서 저도 논리적이고 합리적인 사람이 되겠어요."

생활 속에서 논리적인 근거를 제시하여 반론을 제기하는 사람은 수학을 사랑하는 사람입니다.

여섯번째 수업 정리

1 합집합 A와 B에 속해 있는 모든 원소들로 이루어진 집합

$A \cup B = \{x \mid x \in A$ 또는 $x \in B\}$

2 교집합 A에도 속하고 B에도 속해 있는 원소들로 이루어진 집합

$A \cap B = \{x \mid x \in A$ 그리고 $x \in B\}$

3 전체 집합universal set 처음에 주어진 집합

4 여집합complementary set A에 속하지 않는 원소들로 이루어진 집합 $A^c = \{x \mid x \in U$ 그리고 $x \notin A\}$

5 차집합 A의 원소 중 B의 원소에 속하지 않는 원소들로 이루어진 집합 $A - B = \{x \mid x \in A$ 그리고 $x \notin B\}$ 또는 B의 원소 중 A의 원소에 속하지 않는 원소들로 이루어진 집합 $B - A = \{x \mid x \in B$ 그리고 $x \notin A\}$

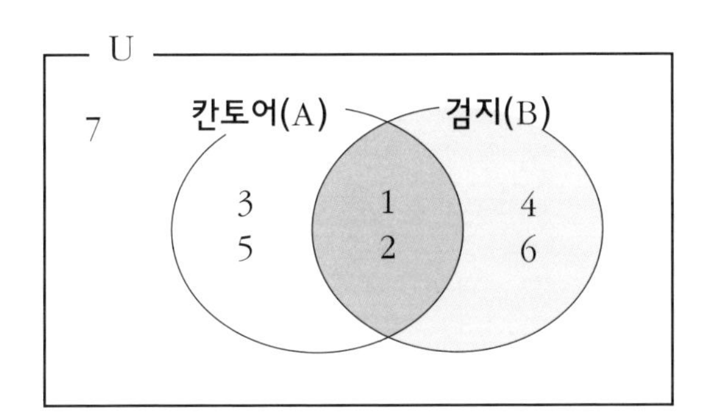

6 전체 집합의 부분집합 $U=\{1, 2, 3, 4, 5, 6, 7\}$의 부분집합 $A=\{1, 2, 3, 5\}$, $B=\{1, 2, 4, 6\}$에 대해 집합의 연산을 각각 구하면서 정리해 볼까요?

$A \cup B=\{1, 2, 3, 4, 5, 6\}$ $A \cap B=\{1, 2\}$

$A-B=\{3, 5\}$ $B-A=\{4, 6\}$

$A^c=\{4, 6, 7\}$ $B^c=\{3, 5, 7\}$

$(A \cap B)^c=\{3, 4, 5, 6, 7\}$ $(A \cup B)^c=\{7\}$

7 가끔 등장하는 집합을 몇 개 덧붙일 테니 기억해 두었다가 잘 활용하세요.

① $A \cup A^c=U$ ② $A \cap A^c=\phi$

③ $(A^c)^c=A$ ④ $A-\phi=A$

⑤ $A-A=\phi$ ⑥ $\phi^c=U$, $U^c=\phi$

일곱 번째 수업 엿보기

하이루~!! 방정식 군! 함수 양!
근데 누구신지?
어디서 많이 뵌 분 같기도 한데….
난 당신들과 함께 수학 교과서에서 노는 set 탐정이지.
아하~! 우리 가끔 틀 안에 가두는 구역장이시군요.
맞아. 정의역, 치역, 공역으로 변신하며 함수 세상을 누비고 있지.
우리 방정식 마을에서도 '범위'라는 이미지로 봤던 것 같아요.
맞습니다. 맞고요.. 틀 또는 범위의 이미지가 바로 set임을 잊지 말고 앞으로 친하게 지내지.
와

7교시

집합의 신출귀몰

우리 주변에는 늘 집합이 꼼지락대고 있는데
여러분이 그냥 지나치고 있을 뿐이랍니다.
그러니 이제부터 관심을 갖고 생활 속에서
수학을 찾아내는 습관을 길러 보세요.

일곱 번째 학습 목표

1. 집합의 쓰임을 알아봅니다.
2. 집합과 수학의 관계를 이해합니다.

칸토어의 주문

현대 수학의 흐름을 알려면 집합과 수학과의 관계를 알아야 합니다. 함수 속의 집합, 방정식 속의 집합, 실생활 속의 집합…….
다시 말해서 집합의 오지랖이 넓다는 것을 이해하고서 수학과의 관계를 알아두면 현대 수학의 흐름을 쉽게 알 수 있다는 것입니다. 그러니 집합의 쓰임을 꼼꼼하게 따져서 수학과의 관계를 알아보세요.

현대의 모든 수학은 '집합에서 시작해 집합으로 흘러 들어간다' 고 해도 과언이 아닐 정도로 집합이 활동하는 무대는 아주 넓습니다. 어느 정도인지 한번 꼼꼼하게 훑어볼까요?

▨우선 실생활 속에서 노는 집합입니다.

교내 수학 경시 대회에서 1등을 한 사람은 올림피아드 경시 대회에 참가할 수 있습니다.

중간고사에서 미술 성적이 90점 이상인 학생은 교육청 그림 그리기 대회에 출전할 수 있습니다.

학교 성적이 90점 이상이면서 집을 소유하지 않은 학생은 장학금을 신청할 수 있습니다.

어때요? 이와 같은 문장에도 집합이 꼼지락대고 있는 거예요.

자, 보세요.

교내 수학 경시 대회에서 1등을 한 학생, 중간고사에서 미술 성적이 90점 이상인 학생, 학교 성적이 90점 이상이면서 집을 소유하지 않은 학생…… 어때요? 어떤 조건에 대해 대상이 분명한 모임인 집합들이 보이지요?

이와 같이 우리 주변에는 늘 집합이 꼼지락대고 있는데 여러분이 그냥 지나치고 있을 뿐이랍니다. 그러니 이제부터 관심을 갖고 생활 속에서 수학을 찾아내는 습관을 길러 보세요.

▨방정식 세상에서 노는 집합도 있습니다.

처음 일차방정식의 해를 구하고자 할 때 원시적인 방법으로 일일이 대입해서 일차방정식의 해를 구하잖아요. 이때 수 전체를 대상으로 일일이 대입하다 보면 엄청난 에너지를 써야 합니다.

집합 $\{-1, 0, 1\}$을 주면서 '이 가운데에서 $3x+2=-1$과 같은 방정식의 해를 구하라' 고 하잖아요. 이때도 어김없이 집합은 사용되고 있습니다.

그뿐 아닙니다. '이차방정식 $x^2-5x-6=0$의 해 중에서 양수인 해 집합를 구하라' 와 같은 문제에도 역시나 집합은 등장합니다.

$\{x|x$는 $x^2-5x-6=0$을 만족하는 양수$\}=\{6\}$

▨이번에는 함수 세상에서 노는 집합을 만나 볼까요?

정의역이나 치역, 그리고 공역에서 나오는 역域은 일정한 구역으로, 집합의 개념을 품고 있습니다.

수 전체가 아닌 어떤 영역을 주면서 그 영역 안에서만 그래프를 그리라는 것이 대표적인 예이지요. 직접 만나 볼까요?

'정의역이 $\{-3 \leq x \leq 2\}$일 때, $y=-2x$의 그래프를 그려라'

이 문제는 바로 $\{-3 \leq x \leq 2\}$ 범위에 있는 점들의 집합만을 나타내는 그래프를 그리라는 뜻입니다. 아래와 같이 그래프가 그려져서 직선이 아닌 선분이 됨을 알 수 있을 것입니다.

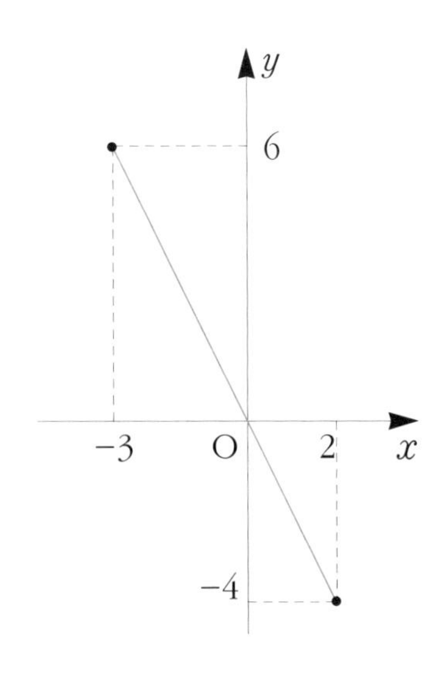

또 이럴 수도 있습니다.

'정의역이 $\{-1 \leq x \leq 2\}$일 때, $y=x^2-1$의 최댓값과 최솟값을 각각 구하라' 라는 문제가 있습니다.

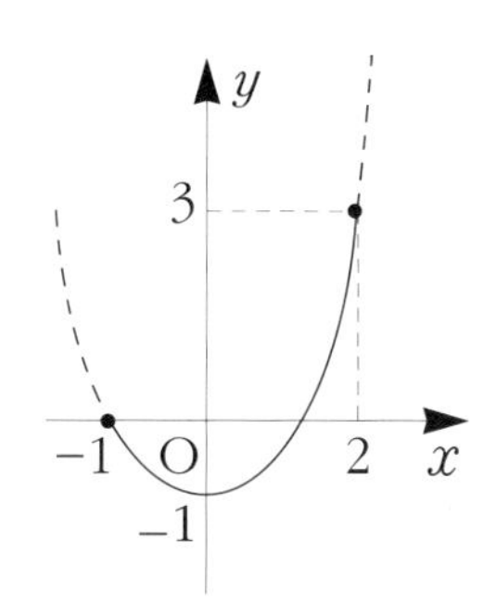

이때도 역시 그래프를 주어진 영역인 $\{-1 \leq x \leq 2\}$ 내에서만 그려야 하기 때문에 위의 그래프와 같답니다.

이렇게 그래프를 그려 놓고 보면 구하고자 하는 답이 훤히 보이지요.

이와 같이 집합은 여기저기서 튀어나오는 신출귀몰한 주인공임을 알고 집합과 친해져야 합니다.

▨ 부등식 세상에서도 어김없이 집합은 나타납니다.

이를테면 '부등식 $6x-19 \leq 5$를 만족하면서 자연수인 해집합을 구하라' 와 같습니다.

집합은 이밖에도 어디든지 나타날 가능성이 많답니다. 그러니 현대의 모든 수학이 집합에서 시작해 집합으로 흘러 들어간다는 말이 나오는 것이지요. 그러니 집합의 오지랖을 높이 평가하세요.

▨ 고정관념을 벗어던지세요!

Set 탐정은 뛰어난 두뇌로 여러 사람의 고민을 해결해 왔습니다.

하루는 ★초등학교 학생이 Set 탐정을 만나러 갔습니다.

Set 탐정은 학생에게 앉으라고 한 뒤, 사연을 말해 보라고 했지요.

학생은 크게 한숨을 내쉬더니 말을 시작했습니다.

"저는 인터넷 서핑을 하다가 '꼼지의 수학 나라' 사이트에서 수학 문제를 맞히면 상품을 준다고 하기에 기쁜 마음으로 참여했습니다."

"그 문제가 무엇이었나요?"

"칠판 좀 써도 될까요?"

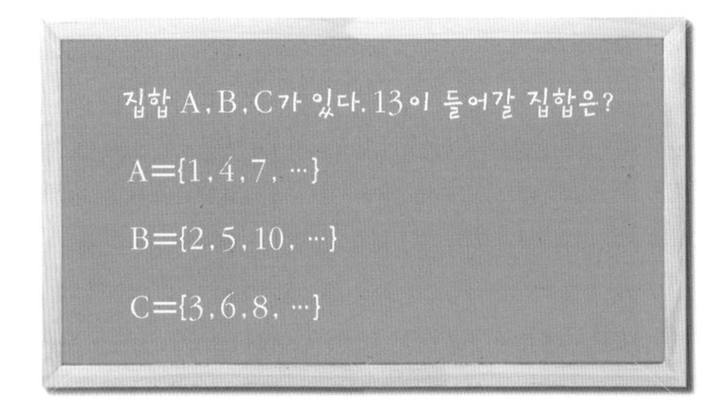

학생은 문제를 깔끔하게 적었습니다.

"규칙적인 수의 나열에 따라 당연히 집합 A가 답이라고 생각해서 그렇게 답을 썼지요. 하지만 답은 집합 A가 아니라 집합 B였습니다. 어떻게 집합 B가 답이 되는지 궁금해서 이렇게 찾아왔습니다. 처음엔 '꼼지의 수학 나라' 사이트를 사기죄로 고소하려고 했어요. 그런데 그때 '고정관념을 버려라' 라는 말이 머리를 스쳐 지나갔답니다. 하지만 아무리 생각을 뒤집어 봐도 여전히 정답은 집합 A밖에 나오지 않았어요. 너무 고민이 되어 이렇게 찾아왔어요, 탐정님."

학생은 흥분된 어조로 말했습니다.

학생의 설명을 조용히 듣고만 있던 Set 탐정은 미소를 짓더니 '바로 이거였군!' 이라고 읊조렸습니다. 그리고 학생에게 말했어요.

"이 문제의 정답이 왜 집합 B인지 설명할게요. 일단, 집합 안의 원소가 숫자라는 고정관념을 깨야 해요. 집합 A를 보면 1, 4, 7 등의 원소가 모여 있죠. 1, 4, 7 등의 숫자를 모두 곧은 선으로만 이루어져 있는 그림이라고 생각하세요. 그러면 집합 B의 원소 2, 5, 10 등은 곧은 선과 부드러운 곡선이 함께 있는 숫자 그림들이지요. 그러므로 13은 집합 B의 원소인 거죠."

"집합 C의 원소는요?"

"그 원소들을 꼼꼼히 살펴보세요. 부드러운 곡선으로만 이루어진

숫자 그림이잖아요?"

학생은 놀라움을 감추지 못했습니다.

"아, 그렇군요. 생각을 뒤집어 보는 태도가 부족했어요."

Set 탐정은 흐뭇한 표정을 지으며 학생의 어깨를 두드려 주었답니다.

▨ 칸토어의 '집합론'에 대한 이런저런 이야기들

"칸토어 선생님~, 집합에 대해 여러 가지를 배우고 나니까 궁금한 게 하나 생겼어요."

무엇이지요?

"세상을 떠들썩하게 만들었다던 칸토어 선생님의 '집합론' 이요. 얼마나 대단하고 충격적인 내용이었기에 비난과 반론으로 정신 질환까지 앓게 되었는지 궁금해요."

오호! '집합론' 이 궁금해졌단 말이지요? 그러니까 무한의 세계를 맛보고 싶단 말이군요. 그렇다면 여러분은 이미 집합의 맛을 알게 된 것이랍니다.

"칸토어 선생님~, 저희는 다만 수학계를 뒤흔들었다는 칸토어 선생님의 이론이 도대체 어떤 것이기에 수많은 수학자들의 비난이 이어졌을까 하는 생각으로 주문을 한 것뿐이니까 오버하지 마세요. 부담스러워요."

아니에요. 관심은 곧 흥미이고, 흥미는 몰입을 가져올 수 있으니 대단한 변화입니다. 그러니 기쁠 수밖에요.

유한의 세계를 뛰어넘는 무한을 드나들려면 먼저 여러분이 갖고 있는 고정관념부터 과감하게 버려야 합니다. 생각의 폭을 넓혀야 하거든요.

'일대일대응' 부터 설명하겠습니다.

흔히들 '짝짓기' 라고도 하지요. 일대일대응보다는 짝짓기라는 단어가 좀 더 친근하게 와 닿을 것입니다.

"짝짓기요? 짝짓기는 일상생활에서도 늘 일어나는 일 아닌가요?"

물론이지요. 남자 친구와 여자 친구를 짝지을 때나, 교실에서 앉을 자리를 정할 때, 또 학급별로 담임선생님을 정하는 것도 일종의 짝짓기의 원리입니다.

하나에 딱 하나씩만을 짝짓는 일대일대응은 여러분 또한 아주 어렸을 때 해 본 적이 있을 겁니다. 셈을 할 수 없던 어린 시절을 떠올려 보세요. 예를 들어 어머니가 두 자매에게 사탕을 똑같이 나누어 주었다고 가정해 봅시다. 그런데 동생은 왠지 언니가 가지고 있는 사탕이 더 많은 것 같은 느낌이 드는 거예요. 그래서 울어 댑니다. 왜 나는 적게 주느냐고 떼를 쓰는 것이지요. 이때 지혜로운 어머니는 두 아이를 앞에 두고 사탕의 개수가 같음을 보여 주려고 하나씩 하나씩 짝을 지어 가며 언니 것 하나, 네 것 하나, 언니 것 하나, 또 네 것 하나……, 이렇게 짝짓기 작업을 합니다.

다행히 하나도 남김없이 짝이 딱 맞아떨어지면 아이들은 둘 다 안심을 하게 되지만, 혹시라도 두 아이 중 어느 한쪽이 하나라도 남으면 어떻게 되겠어요? 자기 것이 적다는 것을 알고 마구 울어 대잖아요. 이것이 바로 일대일대응을 이용해 크기를 비교할 수 있는 어린이의 행동입니다. 그러다가 개수를 셀 수 있는 나이가 되면 일대일대응을 이용하지 않고도 직접 개수를 세어서 대소 구분을 하게 되지요.

따라서 크기 비교에서 가장 기초적인 개념이 바로 일대일대응입니다.

그런데 그 일대일대응이 바로 내가 세운 '집합론'의 뿌리라고 하면 놀라겠지요?

"아니~, 일대일대응이 세상을 뒤흔들었다던 '집합론'의 뿌리라고요? 설마요~, 아니, 그렇다면 셈을 못하는 어린애도 충분히 이해하는 기초적인 개념을 대수학자들이 이해하지 못하고 태클을 걸었단 말인가요? 믿을 수 있는 말씀을 하셔야지요. 그런 억지가 어딨어요?"

섣부르게 판단을 내리지 말고 조금 더 들어 보세요.

무한에 대한 가닥을 잡는 데 이 일대일대응을 기본 개념으로 했다고 말했을 뿐인데 왜들 벌써부터 야단이에요?

왜 있잖아요, 한국 사람들이 나노와 같이 아주 세밀한 부분에서 성과를 거두는 건 순전히 섬세한 손길 덕분이고, 그 섬세한 손길을 만들어 낸 주인공은 바로 젓가락질이라고 하잖아요. 그래서 요즘 어머니들이 두뇌 발달을 위해 아이들에게 포크 대신 젓가락을 사용하게 한다는 소문이 있던데 모르나요?

"아, 알았어요. 칸토어 선생님~, 아무것도 아닌 것 같은 젓가락질이 과학을 성공으로 이끄는 뿌리라고 말씀하시고 싶은 거죠?"

그렇습니다. 아무리 복잡하고 대단해 보이는 이론이라 할지라도 기본은 아주 하찮은 것에서 출발할 수 있다는 말입니다.

내가 정해 둔 '두 집합 사이에 일대일1:1의 관계가 성립할 때 두 집합의 농도원소의 개수는 같다' 라는 약속부터 생각해 보겠습니다.

이 약속은 유한집합, 무한집합을 가리지 않고 성립합니다. 유한의 세상에 살고 있는 대부분의 사람들은 유한집합 부분은 별다른 이견 없이 받아들이는데, 문제는 무한입니다.

무한의 세계에서는 몇 개의 숫자를 빼도
원래 자기 자신과 크기가 같답니다.
$\infty - 1 = \infty$

유한집합부터 설명하겠습니다.

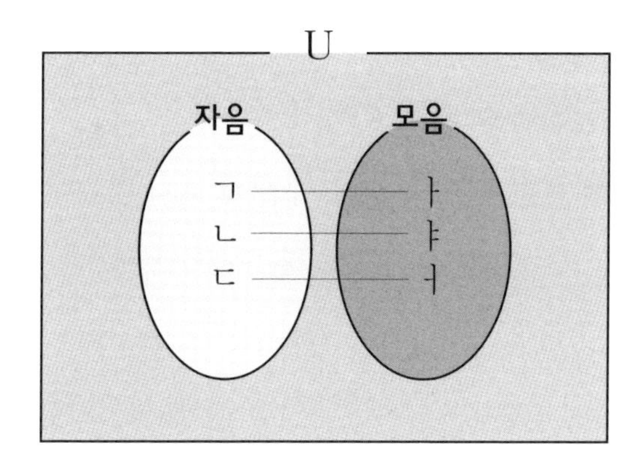

위의 벤 다이어그램을 보세요. 자음과 모음을 각각 3개씩 데려와서 짝짓기를 하면 두 집합은 일대일대응이 되면서 두 집합의 원소 개수 농도는 같습니다.

어때요? 당연한 이야기라고 생각하지요?

"네!"

그렇다면 이건 어떻습니까?

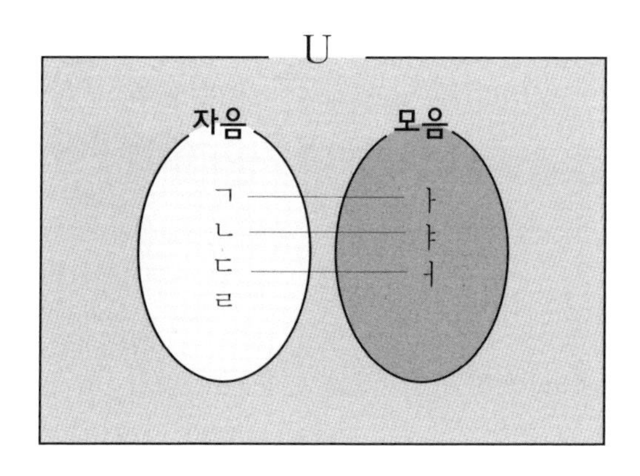

자음의 원소가 하나 남아 있어서 일대일대응이 성립하지 않습니다. 그것은 곧 자음의 원소 개수가 하나 더 많다는 이야기입니다.

이와 같이 유한집합을 가지고 일대일대응을 하면서 크기 비교를 하면 나의 이론에 대해 어느 누구도 태클을 걸지 않습니다.

하지만 무한의 세상으로 들어가면 달라지지요.

그러면 다시 '두 집합 사이에 일대일의 관계가 성립할 때, 이 두 집합의 원소의 개수농도는 같다' 는 약속을 이용해 무한의 세계로 뛰어들어 보겠습니다.

그러니 고정관념을 버리고 오로지 '일대일대응' 에만 몰입할 준비를 하세요.

셀 수 없이 많은 원소를 가진 무한집합도 일대일대응을 시켜 가며 두 집합의 크기를 비교할 수 있거든요.

무한집합인 자연수 전체의 집합N과 자연수의 부분집합이면서 역시나 무한집합인 홀수의 집합O의 개수를 비교해 보겠습니다. 유한의 세계에 살고 있는 여러분은 아마도 당연히 자연수의 개수가 더 많다고 생각이 지배적일 것입니다.

하지만 결론부터 말하자면 이 두 개의 집합은 일대일대응 관계가 성립되면서 원소의 개수농도가 같습니다.

“자연수와 홀수의 일대일대응이 성립한다고요? 홀수는 자연수의 부분집합이잖아요?”

“선생님, 그런데 어떻게 부분과 전체에 일대일대응이 성립할 수 있겠어요?”

잠깐, 잠깐만 기다려 보세요. 일대일대응을 시킬 수도 있다고 했으니 지켜본 다음에 태클을 걸어도 늦지 않을 거예요. 그러니 그렇게 서두르지 마세요.

자연수의 집합 N={1, 2, 3, 4, 5, …}
홀수의 집합 O={1, 3, 5, …}

순서대로 대응시키면 홀수의 집합에 자연수의 집합 2, 4, …에 대응되는 수가 없어서 이빨 빠진 모양이 되는데, 어떻게 일대일대응이 되느냐는 이야기를 하고 싶은 거지요?

“네, 맞아요.”

그렇게 생각할 수도 있지만 일대일대응이 되게 할 수도 있습니다.

이해를 돕기 위해 자연수와 홀수를 다음과 같이 유한집합으로 줄

여서 생각해 보죠.

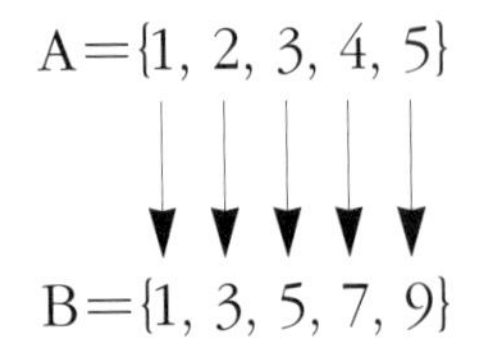

이와 같은 방법으로 홀수 모두 순서를 정해서 차례대로 데려오면 되지 않을까요? 왜냐하면 홀수는 무한하니까요.

"자연수도 무한히 많은데요?"

물론이지요. 그래서 아까 생각의 폭을 넓혀 두라고 주문을 해 둔 것입니다.

아무튼 어떤 방법으로라도 일대일대응이 되게 할 수만 있다면 두 집합의 원소의 개수농도는 같다고 약속한 그 부분에 힘을 실어 설명을 계속하겠습니다.

자, 이렇게 해 보죠.

홀수 집합의 각 원소에 빠짐없이 순서대로 번호표를 하나씩 달아 주겠습니다. 홀수 1은 1번, 홀수 3은 2번, 홀수 5는 3번, … 이렇게 말이에요. 홀수는 무한하니까 번호표 역시 무한하게 부여할 수 있겠지요. 그런 다음에 홀수가 부여받은 번호표와 같은 수의 자연수를 짝지어 주는 것이지요.

예를 들면 자연수 5는 번호 5를 부여받은 홀수와 짝이 되고, 자연수 100은 번호 100을 부여 받은 홀수와 짝이 되고…….

이런 식으로 대응을 시켜 주면 모든 홀수는 반드시 번호표를 하나씩 부여 받을 테니까 자연수는 하나도 빠짐없이 자신과 같은 수의 번호를 부여 받은 홀수와 짝이 될 수 있게 됩니다. 무한하니까요.

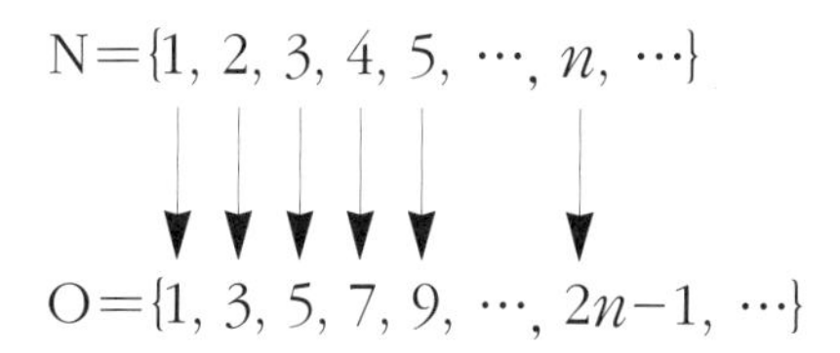

그러니까 N과 O는 일대일대응이 되어 원소의 개수가 같게 되는 것이지요.

"홀수는 자연수의 부분인데도요?"

그렇습니다. 무한 세상에서는 이와 같이 부분이 전체와 같을 수도 있답니다.

자연수와 자연수의 부분인 짝수, 홀수뿐 아니라 자연수를 포함하는 정수, 유리수까지도 모두가 자연수와 일대일대응이 성립되어 개수가 서로 같은 집합이 된답니다.

언제든지 앞서 설명한 대로 번호를 붙여 가며 대응을 시키는 방법을 사용하면 되지요.

어떻습니까? 무한의 신비가 느껴지나요?

"무한의 신비는 모르겠고 상당히 혼란스러워요."

충분히 이해합니다. 여러분은 유한의 세계에 살고 있어서 무한의 세계를 이해하기란 그리 쉽지 않을 거예요.

하지만 머리로 푸는 수학 세상에서는 얼마든지 무한의 세계를 넘나들 수 있어야 한다는 것을 잊지 말고 생각을 키워 보세요.

무한의 개념은 신비스러우면서도 인간을 혼란에 빠뜨리기도 해서 참 다루기 힘든 내용인 것이 사실입니다. 이러한 무한 개념은 사고의 전환을 가져올 수 있는 혁명이었음을 다시 한 번 강조해 두고 싶군요.

덧붙이자면 자연수 전체와 정수, 그리고 유리수 전체를 일대일로 빠짐없이 대응시킬 수는 있지만, 자연수 전체와 실수 전체는 일대일로 대응시킬 수 없습니다. 이는 무한 중에도 여러 단계가 있다는 이야기지요.

자연수 전체와 실수 전체를 일대일로 빠짐없이 대응시킬 수 없는 이유는 실수는 정수나 유리수, 그리고 홀수처럼 번호를 붙일 수가 없기 때문입니다. 이것은 대각선법을 이용해 깔끔하게 설명할 수 있지만, 무한에 대한 설명은 이쯤에서 접어 두기로 하죠.

대신 무한의 신비를 느낄 수 있는 이야기를 하나 들려주겠습니다.

마음이 가난한 사람들로 북적대고 있는 작은 도시가 있었습니다. 그래서 그 도시에 사는 사람들은 늘 싸움과 갈등으로 서로에게 상처를 주면서 하루도 편히 지낼 날이 없었지요.

그러던 어느 날, 가슴에 무한한 사랑을 품고 사는 한 사람이 이 도시로 이사를 왔습니다.

그 사람은 마음이 가난한 사람들을 찾아가 자기가 품고 있는 사랑을 펴 주기 시작했답니다.

그 도시는 그때부터 변하기 시작했습니다.

사랑과 평온함과 따뜻함으로 서로 감싸 줄 뿐 아니라 누구나 마음 안에 무한한 사랑의 감정을 품고 살아가게 된 것입니다.

그런데 더욱 신기한 것은 무한한 사랑을 아낌없이 나누어 주던 그 사람도 변함없이 무한한 사랑을 그대로 품고 살았다는 것입니다.

이 신기한 비밀을 알아차린 사람은 칸토어의 '집합론'을 이해할 수 있는 사람입니다. 아마도 여러분 모두 이 비밀을 알고 있을 거라 생각합니다. 무한의 세상에서는 아무리 퍼 주고 퍼 주어도 절대 줄어들지 않는다는 것과 부분과 전체가 같을 수도 있다는 비밀~, 늘 마음 한구석에 간직해 두세요.

"아아~, 언제까지나 무한 세상에서 살고 싶어요~!"

참, 무한의 세상에는 이런 호텔도 있답니다.

> 아무리 많은 분이 찾아오셔도 방은 언제나 준비되어 있습니다.
>
> **– 힐베르트 호텔**

아무리 많은 손님이 찾아가도 늘 묵을 방이 있는 호텔이라? 생각만 해도 환상적이지요?

만약 모든 객실이 꽉 찼는데도 새로운 손님이 찾아 온다면 그때는 어떻게 방을 내줄까요?

문제될 게 전혀 없습니다. 손님들에게 자기 객실 번호보다 하나 더 큰 번호의 객실로 옮겨 달라고 하면 간단하게 해결되거든요. 다시 말해 1호실 손님은 2호실로, 2호실 손님은 3호실로……, n호실 손님은 $n+1$호실로……, 그런 다음 새로 들어 온 손님을 1호실로 안내하면 된답니다.

"만일 자연수만큼 많은 무한의 손님이 들이닥치면 그때는 또 어떻게 하나요?

그것도 걱정할 것 없습니다. 현재 묵고 있는 손님들에게 자기 객실 번호의 2배가 되는 번호의 객실로 옮겨 달라고 부탁만 하면 되니까요.

즉 1호실 손님은 2호실로, 2호실 손님은 4호실로, 3호실 손님은 6호실로……. 그러면 홀수 번호의 객실이 모두 비게 되겠지요? 그러니 새로 온 손님들은 모두 홀수 번호 객실에 들어가면 됩니다.

이 호텔을 무한 호텔이라고 부릅니다. 독일의 수학자 힐베르트 David Hilbert, 1862~1943가 만들어 내서 일명 힐베르트 호텔이라고도 불리는 무한 세상 이야기입니다.

이러한 무한 세상 이야기가 가능하게 된 것은 내가 비로소 무한집합의 가닥을 잡았던 까닭입니다. 하지만 유한한 세상에 살고 있는 인간이 무한 세상을 쉽게 받아들일 수 없는 것은 예나 지금이나 큰 차이가 없나 봅니다. 여러분이 무한을 이토록 어려워하는 걸 보면 말이죠.

하지만 생각을 키우다 보면 머리로는 얼마든지 무한 세상을 만날 수 있습니다. 이러한 사실을 믿고 몰입해 보세요.

일곱번째 수업 정리

집합은 우리 주위에 늘 존재하는 수학 개념입니다. 여러분이 쉽게 지나치기 쉬운 '집합'에 대한 관심을 바탕으로 생활 속에서 수학을 찾아내는 습관을 길러 봅시다.